bon temps 風格生活╳美好時光

咖啡的一切
──咖啡迷完全圖解指南

作　　者　　河寶淑・趙美羅

攝　　影　　金學里

譯　　者　　高毓婷

主　　編　　曹慧

美術設計　　比比司設計工作室

社　　長　　郭重興

發行人兼
出版總監　　曾大福

總 編 輯　　曹慧

編輯出版　　奇光出版

　　　　　　E-mail: lumieres@bookrep.com.tw

　　　　　　部落格：http://lumieresino.pixnet.net/blog

　　　　　　粉絲團：https://www.facebook.com/lumierespublishing

發　　行　　遠足文化事業股份有限公司

　　　　　　http://www.bookrep.com.tw

　　　　　　23141新北市新店區民權路108-4號8樓

　　　　　　客服專線：0800-221029　傳真：（02）86671065

　　　　　　郵撥帳號：19504465　戶名：遠足文化事業股份有限公司

法律顧問　　華洋法律事務所　蘇文生律師

印　　製　　呈靖彩藝有限公司

初版一刷　　2017年11月

定　　價　　400元

國家圖書館出版品預行編目（CIP）資料

咖啡的一切：咖啡迷完全圖解指南 / 河寶淑，趙美羅著；
金學里攝影；高毓婷譯. ~ 初版. ~ 新北市：奇光出版：遠足
文化發行，2017.11
　　面；　公分
　　ISBN 978-986-94883-4-1（平裝）

1.咖啡

427.42　　　　　　　　　　　　106018194

線上讀者回函

咖啡的一切

Almost
Everything
of the Coffee

咖 啡 迷 完 全 圖 解 指 南

河寶淑／趙美羅 著 金學里 攝影 高毓婷 譯

目錄 Contents

Part Two
咖啡與文化

前言

泡出一杯美味的咖啡並非難事，即使沒有接受過專業訓練，
只要能掌握從挑選咖啡豆到萃取的每個核心過程，
就能用自己的雙手煮出一杯與專業咖啡館相比
毫不遜色的咖啡來享用。

INTRO

咖啡生活指南

COFFEE LIFE
GUIDE

幾年前在韓國，點杯咖啡喝不過是一種付費使用的概念，只是想要借用咖啡館等安靜場所來坐坐。也就是說，比起咖啡本身的風味，賣咖啡的空間氛圍更加重要。不過最近國外的咖啡專賣店也漸漸為人所知，甚至用「星星茶坊」、「大豆茶坊」等暱稱來稱呼。更重要的是，將焦點放在咖啡本身、製作出風味更上一層樓的咖啡的「咖啡專家」們開起了咖啡店，將咖啡文化導向全新的階段。除了充滿年輕人、身為流行發源地的街道外，甚至連悠閒的住宅區巷弄也有手沖咖啡店進駐，培育咖啡師的教育機構也增加了。現在的水準已經提升至能讓我們找到符合自身口味的獨特咖啡。泡出一杯美味的咖啡並非難事，即使沒有接受過專業訓練，只要能掌握從挑選咖啡豆到萃取的每個過程核心，就能用自己的雙手煮出一杯與專業咖啡館相比毫不遜色的咖啡來享受！

像品嘗咖啡般，從容地享受有關咖啡的一切

〔首先〕累積與咖啡豆相關的基本知識

咖啡樹到底長什麼樣子？咖啡的原料是生豆，生豆又是經過怎樣的過

程製作而成？並不是把咖啡樹上結的果實直接拿來用，而是脫去「咖啡櫻桃」的果肉部分，再經過適當的處理後，才會得到我們現在看到的咖啡豆。為了得到好的生豆，累積咖啡豆的相關基礎知識，像是了解咖啡產地、生豆的性質與特性、咖啡豆的精製過程、好生豆的條件等，就是我們開始了解咖啡的第一步。p.17

〔第二〕美味咖啡的基礎從處理咖啡豆開始

從世界各地而來的咖啡生豆經過烘焙的程序後，成了散發出咖啡固有味道及香氣的咖啡豆。這些咖啡豆研磨成咖啡粉後才能沖煮出所謂的咖啡。我們將學習各種左右咖啡味道的咖啡豆處理法：烘焙度的8階段、根據咖啡萃取工具來調整咖啡粉粗細、做出符合自己口味的調豆咖啡等。p.41

〔第三〕萃取咖啡的8種方式

用好的咖啡豆萃取咖啡。根據萃取條件的不同，咖啡會產生截然不同的新風味。學習各種咖啡萃取法，掌握萃取方式與咖啡味道的相關性，找出符合自己喜好的咖啡風味。最簡單但也會因為手藝不同而產生微妙味道差異的濾杯（使用一次性的濾紙進行萃取）、能得出深邃豐富味道的法式濾壓壺、可濾出鮮味的法蘭絨濾布、像進行科學實驗般享受咖啡的虹吸式塞風壺、製作出有如義式濃縮咖啡風味的摩卡壺、壓出乾淨味道的雙層保溫法式濾壓壺（Espro Press）等，讓我們一同來嘗試看看吧。p.63

〔第四〕咖啡的死黨：水、砂糖、牛奶的世界

在一杯咖啡中，水就占了99%，因此水的差異便決定了咖啡味道的

不同。想要煮出一杯符合自己口味的咖啡，就要先找出怎樣的水最適合。我們當然也不能忘記為咖啡帶來甜味的砂糖、讓咖啡變得柔和甜美的奶精（Cream）等。這一章會介紹市面上買得到的砂糖、奶精及牛奶，觀察各種奶精和牛奶的優缺點，並會特別介紹搭配起來最合拍的組合。若能多吸取這類品牌相關的建議，咖啡的世界將會變得更加寬廣。 p.107

〔第五〕什麼是適合我的咖啡器材和咖啡杯？

一杯美味的咖啡，若說內容物是咖啡的話，那麼器材和杯具就是外型，也是營造氣氛的物品。本章為剛入門的咖啡新手說明咖啡器具的挑選指標，也會一一介紹從研磨咖啡豆、萃取咖啡到裝入美麗咖啡杯會用到的各種工具。探索磨豆機、煮水壺、濾杯、咖啡壺、咖啡機、義式濃縮咖啡機、反映時代潮流的時尚萃取器具、咖啡杯等各種工具的構造及功能，並介紹市售的產品。 p.125

〔第六〕享受多元新穎的咖啡品項

依據不同喜好介紹特別的咖啡品項，開啟豐富的咖啡世界。讓炎炎夏日涼爽起來的冰咖啡、用冷水泡出柔和風味的荷蘭咖啡、金黃色咖啡Crema中所蘊含濃郁深邃的義式濃縮咖啡，以及用奶泡拉花來設計咖啡等，這些做法，本章都將詳細介紹。 p.155

〔第七〕充滿魅力的咖啡，介紹其歷史文化及小故事

我們喝的咖啡有著怎樣的歷史背景？咖啡又為大家的生活文化帶來什麼影響？對韓國人來說咖啡是什麼呢？若能認識咖啡的歷史和文化，對咖

啡的愛就會更上一層樓。透過遊訪咖啡生產地，探索不同咖啡的特性及魅力，了解與咖啡有關的小故事和冷知識，也是享受咖啡不可或缺的一環。本章會介紹藝術作品中出現的咖啡以及蘊含其中的有趣逸事。p.195

Part One

自製咖啡
生活

HOMEMADE COFFEE LIFE

1

咖啡豆

咖啡是經過哪些過程製作出來的？
累積咖啡的原產料咖啡豆的基礎知識，就是了解咖啡的開始。
從咖啡產地、生豆的個性和特色、
咖啡豆的加工精製過程到優良生豆的條件等，
讓我們一起來了解咖啡豆的一切吧。

COFFEE BEAN

咖啡 的誕生 | 咖啡豆的 種植和加工 | COFFEE BEAN CULTIVATION AND PROCESSING

品嘗一杯咖啡之前

我們喝的咖啡，是把咖啡樹果實中的種子分離、乾燥後進行烘豆，再萃取出可溶於水的成分而製成。咖啡樹的果實長得與紅豔的櫻桃相似，因此又稱為「咖啡櫻桃」或「咖啡果」（berry）。在農場中採收咖啡櫻桃後，脫去外果皮及果肉、內果皮及銀皮後，剩下的部分稱為「生豆」，再運往市場流通販售。

咖啡樹為亞熱帶灌木植物，是多年生的常綠雙子葉灌木。一杯咖啡包含以下眾多程序：從播種到收穫需要經過約3年時間，開花結果後，阿拉比卡種要經過6～9個月，羅布斯塔種要9～11個月才會成熟，並在果實成熟後的10～14天內進行採收。

大家都以為咖啡樹是生長在熱帶炎熱豔陽下的植物，但其實它是栽培在年均溫22℃度左右、有著溫暖氣候與穩定降雨量的地區。具有年均溫與降雨量等必要條件的地區，大部分是山地或高原等涼爽地帶，且越是高山地區，就越能生產出高品質的咖啡。因為不會結霜且日溫差越大，咖啡從開花到結果所花的時間越久，果實的密度也越高，可栽培出香氣與酸味美

好的優秀咖啡。在種植咖啡的北緯25度到南緯25度間的熱帶地區稱為「咖啡帶」（coffee belt），現在全世界約有60個國家種植咖啡，根據生產地或品種、加工方式的不同，咖啡的味道也有極大差異。

▲ 咖啡帶

◆ **位置**　以赤道為中心，北緯25度到南緯25度間的熱帶、亞熱帶地區。
　　　　　海拔200～1800公尺
◆ **氣溫**　5℃～30℃
◆ **降雨量**　年降雨量1300mm以上，乾季和雨季分明的地區
　　　　　阿拉比卡：年降雨量1400～2000mm
　　　　　羅布斯塔：2000～2500mm
◆ **濕度**　阿拉比卡60％，羅布斯塔70～75％
◆ **土壤**　礦物質、鐵、鉀豐富且排水良好的火山灰土壤

從咖啡栽培到收穫

❶ 樹苗   *seedling*

種子撒在苗床上，經過40～50天後會發芽。新長出的嫩葉為兩片對長的葉片，經過約6個月後，3～4對葉片會形成一層，兩片兩片一組相對稱。

❷ 樹木   *tree*

長出的樹苗移至農園種植。約經過3年後長為成木並結果。從第4年起收穫量增加，種得好的咖啡樹可以採收20～30年。

❸ 開花   *flower*

約經過3～4年後咖啡樹會開出雪白的花朵，花朵特徵為小巧且散發茉莉香氣，2～3天後就會掉落，開花時期整座農園會充滿白色花朵與甜美的香氣。阿拉比卡種通常一年會開兩次花，因此可以採收兩次；羅布斯塔種則經常開花，因此可經常採收。

❹ 結實 *fruit*

花掉落後結出綠色的咖啡果實，經過6～8個月，果實變大顆並由綠轉紅。因顏色和模樣神似櫻桃，所以稱為「咖啡櫻桃」。

❺ 採收 *harvest*

成熟的咖啡樹可採收12～15年，採收方式依不同國家、地區而有差異。有用手一顆顆採收的人工挑選採摘式（hand picking），以及果實連樹枝一起採下的成串剝離式（stripping）。也會使用機器，但大部分山地仍使用手工方式採收。

❻ 加工處理 *refine*

咖啡果的處理有日曬（natural）、半日曬（pulped natural）、水洗（washed）、半水洗（semi-washed）、蜜處理（honey process）等五種方式。乾燥方式大致分為兩種：自然乾燥與機器乾燥。

❼ 手工挑選 *handpick*

使用篩選機從生豆中除去瑕疵豆後，按照大小及型態、比重等區分等級，之後以手工方式進行挑選作業。

❽ 杯測 *cup test*

在農業協會或工廠中對生豆進行杯測，辨別香氣及味道是否有缺點，是否符合各自的出口規格等，這道程序稱為「杯測」。

左右生豆品質的咖啡果處理方式

咖啡果實處理成生豆的加工過程稱為「精製」。咖啡櫻桃在採收後只要擱置短時間就會發酵，因此採收後需立刻將果肉及種子分離，使咖啡果得以耐受儲藏及輸送過程。以下介紹五種將咖啡櫻桃處理成咖啡的原料——生豆的精製方式。

natural

pulped natural

❶ 日曬

採收下來的咖啡櫻桃直接放在陽光下曬乾後，同時脫去果肉與內果肉，是傳統的自然乾燥處理法。由於需要廣大的土地和時間，且容易混入未熟豆及異物，因此品質無法均一。經過日曬處理的生豆，因為直接吸收了咖啡櫻桃的果肉，所以能萃取出富含自然甜味及醇度的咖啡。

❷ 半日曬

採收下的咖啡櫻桃在流動的水中清洗後，用機器除去咖啡櫻桃外殼，於陽光下乾燥的半乾燥精製法。與日曬法相比，混入未熟豆的比例低，可萃取出如巧克力般甜味深邃且香氣持久的咖啡。

washed

semi washed

honey process

❸ 水洗

傳統水洗式處理法，主要使用於水資源豐富的產地。咖啡櫻桃放入水中，除去未熟豆或沙塵後，以機器去除果肉。咖啡櫻桃放入水桶中進行發酵去除果膠，用水清洗後置於陽光下或乾燥機中乾燥。可萃取出酸味強、香氣乾淨明亮的咖啡。

❹ 半水洗

使用果肉篩除機除去果肉及沾附在內果皮上的果膠，再加以乾燥的方式。因省略發酵過程而較有效率，與水洗式相比水的用量較少，可減少環境污染。因香味與水洗式相近，有許多咖啡產區將水洗式換成半水洗。

❺ 蜜處理

發源自中南美洲哥斯大黎加和巴拿馬的處理方式，使用與半日曬相似的方法加工。因果肉會影響生豆的甜味，所以只採收有足夠糖度的咖啡櫻桃，脫去外皮後在帶有果肉的狀態下進行乾燥。此時內果皮上留有外觀看起來黏黏的果膠，由於在這個狀態下進行乾燥，因此稱為「蜜」，蜜處理使用非洲床（African Bed）乾燥法，此外根據乾燥時間及加工技術的不同再加以區分。根據乾燥過程中留下的果肉含量，分為白蜜、黃蜜、紅蜜、黑蜜。

去皮　　　　　*pulping*

去除果膠的生豆

帶殼豆　　　*parchment*

曬豆場

挑選生豆 | CHOOSE THE GREEN BEAN

在農場採收的咖啡櫻桃，經過加工處理後稱為「生豆」，生豆是決定咖啡味道的最基本要素。為了挑選好的生豆，首先必須瞭解生豆的品種。讓我們以產地和採收後的熟成、生豆大小為標準選出生豆，泡出自己想要的咖啡吧。外表顏色、含水量、光澤等也可當作判斷標準。

咖啡的品種

從植物學的角度來看，咖啡的品種有數十種，但以飲用為目的栽培、流通的品種大致上分為阿拉比卡種、羅布斯塔種、賴比瑞亞種。讓我們一起來看看咖啡品種的特性吧。

peaberry

因稀有而著稱的公豆

通常一顆咖啡果實含有兩顆豆子，但也有果實裡面只有一顆豆子，這就稱為「公豆」（peaberry）。一棵咖啡樹上只能採收到約5％的公豆，因此很稀有。夏威夷的科納區（Kona）等地會特別生產販售公豆，在市場上擁有高人氣。

Arabica

阿拉比卡種

　　占全世界咖啡生產量的65%，我們買到的咖啡豆大多是阿拉比卡種。阿拉比卡種的原產地為衣索比亞，根據傳播途徑又再分為鐵比卡種與波旁種，之後再依據自然變異或交配，細分為各式各樣的品種。阿拉比卡種是對病蟲害、乾燥氣候、霜害抵抗力較弱的品種，種在越高的地區品質越好，通常栽培於600～1800公尺高處。在高地地區，種在沒有降霜且日溫差大、日照雖短但強烈、有涼爽的風、火山灰覆蓋且排水佳的肥沃土壤，就越能生長得更好。種在這種地區的咖啡豆密度高，並有深邃味道和香氣，酸度也佳。

typica   bourbon   caturra

鐵
比
卡
種

波
旁
種

卡
杜
拉
種

馬丁尼克島上的咖啡樹
後代，為兩大傳統品種
之一。對病蟲害抵抗力
弱，產量極少，因此價
格偏貴。特徵為花香
味、輕盈酸味及柔和香
氣。

阿拉比卡傳統品種之
一，鐵比卡種的突變
種。與鐵比卡相比較
小、較圓且偏硬，帶有
厚重香氣及柔和味道。
主要種植於哥倫比亞、
中美洲、非洲、巴西、
肯亞、坦尚尼亞等地。

矮小種咖啡的代表——
波旁種的突變種，種於
高海拔的山地上會產生
酸味及些許澀味。與傳
統品種相比較無華麗香
氣。

mundonovo　　　pacamara　　　geisha

蒙多諾沃種　　　帕卡瑪拉種　　　藝伎種

波旁種與蘇門答臘種交配而成，為巴西的代表品種。環境適應力強，帶有柔和香味，酸味及苦味的平衡極佳。

薩爾瓦多開發出的大顆粒咖啡豆，產量雖少卻受到全世界矚目，有著乾淨的酸味。

衣索比亞Geisha地區發現的品種，產量低，是極為貴重的品種。特徵為強烈香氣及爽快酸味，凸顯出鮮明的個性。

Robusta

羅布斯塔種

　　羅布斯塔種（中果咖啡，Canephora）的原產地為剛果，生長快速且對病蟲害抵抗力強，無法種植阿拉比卡種的地區也可栽種羅布斯塔種。主要產地為越南等東南亞國家。與阿拉比卡咖啡相比香氣較不足，且幾乎沒有酸味，苦味強烈。是即溶咖啡或便宜綜合咖啡的原料。

賴比瑞亞種

Liberica

　　全世界咖啡產量約1%，因需求少，所以產量也比阿拉比卡、羅布斯塔種少很多，大部分為國內自行消費。生產地區是位於非洲西部邊陲地帶的賴比瑞亞，種植於海拔100～200公尺的低地。賴比瑞亞種咖啡苦味強烈，香氣弱。

產地

　　咖啡是最尋常的奢侈品，即使如此，根據飲用者的喜好不同，即使喝的是同一杯咖啡，還是會感受到不同的味道。為了煮出一杯最棒的咖啡，必須知道自己最想要的風味要素為何。換句話說，咖啡中帶有酸味、苦味、鮮味等豐富味道，在這些選項中，首先得決定自己最想要的核心要素是什麼。

　　根據產地不同，咖啡會帶有其獨特個性，因此瞭解咖啡產地就很重要。為了獲得一杯最美味的咖啡，第一步要依據產地分類生豆特徵。生豆的風味會隨著產地或品種不同而有極大差異。

BRAZIL

巴西

酸味和苦味的均衡感

酸味及苦味十分均衡，因此不論哪種烘豆法都很適合。在調豆時作為基底，帶出其他生豆的味道。

TANZANIA

坦尚尼亞

乾淨的酸味

乾淨洗鍊且有氣質的咖啡，帶有豐富的味道及花香，柔和的酸味十分明顯。為了完美呈現其酸味，使用中深度烘焙（City Roast；又稱城市烘焙）帶出均衡感。

MANDHELING

曼特寧

深邃的苦味

帶有男性香氣和深邃苦味的咖啡，在苦味後隨之而來的甜味及酸味調和是其魅力，適合重烘焙。

COLUMBIA
BOURBON

哥倫比亞波旁

柔和的甜味

特徵為酸味及甜味顯著，味道和香氣豐富，有著炒穀物般的美味風味，任誰都能輕鬆入口享用。餘韻留下的柔和甜美感是哥倫比亞的魅力所在，即使使用重烘焙依然能感受到甜蜜的香氣。

CAMEROON
PEABERRY

喀麥隆公豆

有個性的強烈香氣

咖啡櫻桃通常包含兩顆豆子，只有一顆豆子即為公豆，味道及香氣濃厚。

熟成

根據採收時間的不同，生豆也會帶有相異的特性。剛採收下來的生豆帶綠色，但過一段時間會轉變成黃褐色。熟悉採收後的變化過程，有助於找出好的生豆。

採收後慢慢熟成的生豆，味道及香氣會根據熟成狀態變得比較柔和。當年度的新豆是加工精製後未滿一年的生豆，顏色極綠且含有許多水分。隨著新豆水分漸漸消失，生豆的顏色會漸漸轉為黃褐。採收後過了3～4年的老豆即為黃褐色。

新豆好還是老豆好只是喜好的問題，因此無法斷言哪一種是比較好的咖啡，不過最近的趨勢是比較喜歡新豆。新豆水分多，因此使用高溫來烘豆，味道及香氣濃厚，會呈現豆子原本的特徵，因此需要細心挑選。請記得北半球的收穫期在秋天，南半球為則是春天。

喜歡咖啡香氣和酸味達到適當平衡的人，適合選擇前年度採收的舊豆。已然熟成的老豆則在烘焙上較均一，味道輕快柔和，但咖啡本來的香氣已經消失許多。

new crop

新豆

當年採收的豆子，特徵是美麗的青綠色。味道及香氣深邃，因此會直接呈現出咖啡帶有的特性。咖啡豆的採收期間長，因此可能會跨到下一年，所以用'15〜16'這樣的方式來標示。也就是說，這指的是2015年到2016年採收的咖啡豆，在'16〜'17的生豆開始流通前稱為新豆。

past crop

舊豆

前一年度採收的豆子。舉例來說，以'15〜'16為基準的話，舊豆指的就是'14〜'15的豆子。因水分已適當排出，因此表面會變得微黃，新豆帶有的新鮮香氣已大幅減少。邊烘焙邊找出風味的重點十分重要。

old crop

老豆

採收後經過3〜4年的豆子。水分已流失因此變成黃褐色。因水分少，所以能烘出均勻的豆子，呈現出輕快溫和的味道。不過咖啡本身帶有的香味已大量流失。

大小

　　根據生豆的大小不同，味道也會產生差異。小顆的生豆大約是5mm左右，大顆的約為8mm左右。大小的差異來自品種的不同，或是產地、生產農場的差異等綜合因素。而豆子的大小也左右著咖啡的品質。在巴西、哥倫比亞、坦尚尼亞等地，咖啡的大小用顆粒大小（Screen Size，或稱目數，1目約為0.4mm）來規定，顆粒大小在18目～20目左右的咖啡豆為大顆的咖啡豆。生豆的大小越大，越會被認定為高級品，但最近除了品質以外，也會另外從味道的角度來討論咖啡豆的大小。也就是說大顆的咖啡豆可能反而味道薄弱，小顆的咖啡豆則有著絕妙鮮味。在購買生豆或是烘焙好的咖啡豆時，決定好想買的顆粒大小後，只要選擇大小一致的咖啡就可以了。

大顆的豆子

餘味輕盈爽口的乾淨風味。

代表品種：**Maragogipe**（象豆，咖啡豆十分巨大）、**帕卡瑪拉種**

小顆的豆子

在小小的豆子中濃縮了濃厚的風味，甜味強、味道十分有個性。

代表品種：**波旁種**、**鐵比卡種**

會危害咖啡味道的瑕疵豆

即使只有一顆瑕疵豆混在裡面，也會對咖啡的香氣及風味造成極大損害。在產地將瑕疵豆挑出的手選是非常重要的程序。

parchment

帶殼豆

在黏著果肉的狀態下乾燥，因此咖啡呈未完全去殼的狀態。會使煮出的咖啡產生焦味及奇怪的味道。

unripe bean

未熟豆

尚未成熟的咖啡豆。混入未熟豆的咖啡會產生不成熟的草味和強烈酸味。

broken bean

破碎豆

裂開或碎掉的瑕疵豆。在脫去果皮時因為過度受壓而產生，是讓咖啡味道不均一的原因。

sour bean

發酵豆

在水洗發酵桶中，沾染到雜菌而發酵變質的豆子。沖煮後會發出惡臭。可由豆子上的褐色部分判別出來。

fungus damaged bean

發霉豆

因發霉而變色的豆子。因乾燥不完全或在流通過程中受潮而產生。

black bean

黑豆

處於完全發酵的狀態,整顆都變成黑色的豆子。有強烈腐敗氣味,會減損咖啡香氣。

insect damaged bean

蟲蛀豆

被名為咖啡果甲蟲(Coffee Berry Borer)的小蟲產卵而產生的豆子,其幼蟲會啃食咖啡豆仁。咖啡會變混濁,並產生惡臭。

foreign matter

異物

使用曝曬於陽光下的自然乾燥法時,有時會有石頭、樹枝或其他異物混入。會使咖啡研磨機的刀片受損。

Specialty coffee

精品咖啡

高品質的「精品咖啡」（Specialty coffee）條件是確實的品質和突出的個性。咖啡生豆的等級有兩種：一是出口咖啡時，符合生產國自行設立規定的等級；二是消費國因重視咖啡香氣而進行評價，相較之下更客觀的等級。生產國可自行設定等級，如：以顆粒大小分類生豆大小等級、依300g生豆中含有的瑕疵豆數量決定等級、依據產地標高訂定等級等。

隨著1982年美國精品咖啡協會SCAA成立，消費國的等級標準也變得明確。1986年，國際咖啡組織完成了杯測的基礎標準。2004年，SCAA訂出一套新的杯測型式，使精品咖啡能被更加客觀地表現出來。

精品咖啡的規格

① 在350g的生豆中，混有的瑕疵豆未超過規定數量。
② 輸入時生豆的水分含量：水洗處理為10～12%，日曬處理為10～13%。
③ 沒有奇怪氣味。
④ 豆子大小差異未超過5%以上。
⑤ 滿足以上四個條件，並以SCAA（美國精品咖啡協會）的杯測型式為標準，得到80分以上。

咖啡等級

- **低級豆 →** 使用於便宜綜合咖啡的生豆
- **交易豆（Exchange Grade）→** 最常被消費的咖啡
- **優質豆（Premium Grade）→** 雖有限定生產地，但未獲得80分的咖啡
- **精品豆（Specialty Grade）→** 最高等級
- **微批次（Micro Lot）→** 在一小塊地上有計畫地進行特別管理，集中生產的小量生豆

評定咖啡等級的八項標準

① 咖啡豆的缺陷
② 咖啡豆的大小
③ 咖啡樹的數量
④ 產地高度
⑤ 咖啡豆的加工處理方式
⑥ 品種
⑦ 咖啡農場或咖啡栽培地區
⑧ 咖啡風味

Organic Coffee

有機咖啡

　　有機農咖啡指的是「不使用除草劑、殺蟲劑、殺菌劑、肥料等合成添加物，積極追求土壤生產力，致力於增加生態系生物多樣性的農場所生產的產品，並受到第三方的認證。」（根據SCAA規定）

　　有機咖啡的標準在1992年由國際有機農業運動聯盟（IFOAM）確立。有機咖啡的生產是從自然中接受自然的幫助，使人類的干涉達到最小的栽培方式。也就是說，肥料用的是其他植物的副產品或動物的排泄物等，病蟲害則利用瓢蟲或螳螂等天敵來相剋。在健康與環境意識抬頭的現代社會，有機咖啡漸漸受到高度關心。由民間審查有機咖啡的機構有歐洲Demeter及美國OCIA、OGBA等。

2

處理咖啡豆

美味咖啡的基本從處理咖啡豆開始，包括：
使咖啡產生原有味道及香氣的烘焙度8階段、根據萃取方式研磨咖啡豆、
創造出自己獨有風味的調豆等，
一起來探索左右咖啡味道的咖啡豆處理祕訣吧！

ROASTING BLENDING
GRINDING

烘豆 | ROASTING

從烘豆中誕生的咖啡味和香氣

烘炒生豆製成咖啡豆的作業稱為「烘豆」，直接拿生豆來嚼或煮的話，幾乎不會出現咖啡的味道或香氣。咖啡必須經過烘豆的過程，才會帶有本來的味道及香氣，因此為了煮出一杯美味的咖啡，了解烘豆是非常重要的。而即使是相同的生豆，也會根據烘豆方式而產生不同味道及香氣。烘焙分為八個階段，分別是：淺烘焙、肉桂烘焙、中度烘焙、深度烘焙、城市烘焙、深城市烘焙、法式烘焙、義式烘焙等。通常烘焙得較淺，酸味會較強；烘焙得較重，苦味則較強。

Light Roast

❶ 淺焙

加熱咖啡豆使成分產生變化，顯現出味道及香氣。初期階段的淺焙指的是淺烘焙和肉桂烘焙階段，豆子帶淺黃色。有甘甜柔美的香氣，不過這個階段的豆子萃取出的咖啡幾乎感受不到苦味、甜味、深邃風味等。比起拿來飲用，更常使用在測試上。
適合產地：**古巴、吉利馬札羅**

Roasting

酸味 - → 苦味

Medium Roast

❷ 中焙

中度烘焙到城市烘焙階段。隨著烘焙進行，咖啡豆會從淺栗色轉變成深褐色。在較淺的烘焙階段酸味強，隨著烘焙程度加深會開始出現苦味，可以品嘗到酸味、苦味的和諧。
適合產地：**衣索比亞、瓜地馬拉、哥斯大黎加、哥倫比亞、古巴、坦尚尼亞、巴西、藍山**

Deep Roast

❸ 重焙

深城市烘焙（Full-City）到義式烘焙（Italian）階段，咖啡豆表面較黑且有光澤。隨著烘焙進行而苦味增加，酸味變弱，可煮出口味乾淨的咖啡。因香氣從咖啡豆表面揮發而香味撲鼻，但也很快就會消失，所以得存放在密閉的容器中。
適合產地：**印度、肯亞、巴西、印尼（曼特寧）、巴布亞紐幾內亞、玻利維亞**等

LIGHT　　CINNAMON　　MEDIUM　　HIGH

淺
烘
焙

肉
桂
烘
焙

中
度
烘
焙

深
度
烘
焙

呈現酸味
因淺焙而酸味
強，幾乎沒有苦
味或咖啡味等咖
啡特有的風味。

主要用在測試上
因顏色與肉桂相
似而得名，為淺
焙的豆子，帶淺
褐色，有強烈酸
味。

柔和酸味
中間程度的烘
焙，顏色為栗子
色且酸味清新。
有美式咖啡的輕
快味道及香氣。

酸味與苦味調和
略深的中烘焙，帶
深茶褐色。此階段
酸味變淡，開始產
生甜味，通常酸味
和苦味的平衡佳，
充分展現出咖啡豆
的特性。

城市烘焙	深城市烘焙	法式烘焙	義式烘焙
苦味與鮮味 深的中烘焙,帶茶褐色,酸味消失,苦味也少。有許多人喜歡此階段的咖啡,因此在家庭或咖啡廳的需求量也大。	**豐富香氣** 略深的重烘焙,帶深巧克力色。酸味幾乎消失,這階段咖啡的濃郁苦味使咖啡味道達到頂峰。使用在冰咖啡或義式濃縮,也適合用於風味咖啡(Variation)。	**厚重的苦味** 顏色變黑,表面滲出咖啡油。感受到些許焦味且苦味強烈,適合使用在加入牛奶飲用的拿鐵等飲品。	**濃縮咖啡用** 烘焙度最強,顏色黑且表面滲出咖啡油。感受到焦味且產生煙燻香,苦味極強。

自己動手烘焙，訣竅是熱度調整

自己烘咖啡豆除了能得到生豆的詳細知識外，也可常常享受到新鮮的咖啡。除了最近市面上推出的各式各樣烘焙器具外，更重要的是，能用比現成咖啡豆還便宜的價格購入生豆。只要花些心力，就能幸福享受自己獨有的咖啡。知道核心關鍵，就能活用家中現有的廚房工具，立刻開始動手烘豆。

在家烘豆需準備的器具

手網

直徑16cm、深約5cm，有把手的網子。與瓦斯爐火焰範圍差不多大小較適當。

底部寬的篩子

為了讓咖啡豆快速變涼，使用底部寬的篩子讓咖啡豆之間不會相重疊。

計時器

為了避免咖啡豆過度烘焙，計時器是必要物品，有鬧鈴功能的話更好。

即使是烘成相同顏色的咖啡豆，在短時間內用強火烘焙者，和經過長時間慢慢細火加熱者，兩者的味道和香氣也會不同。在家烘豆時，比起烘出顏色理想的豆子，更重要的是用適當的火力烘焙適當的時間。接下來要介紹廚房中常見的器具，以及用這些器具烘豆的方法。

吹風機

烘焙完成冷卻咖啡豆時使用。請準備有冷風功能、風力強的吹風機，也可用電風扇或扇子代替。

磅秤

用來測量生豆與烘焙完成的咖啡豆，知道咖啡豆完成品的重量就能避免失敗。

手套

烘豆時除了手網很燙以外，若咖啡豆彈出有可能會燙傷，因此請務必戴上手套。

在家DIY烘豆的過程

使用直徑16cm、深5cm的手網烘焙瓜地馬拉新豆120g。

❶ 精確測量

為了烘焙均勻，首先必須做出精確的測量。雖然根據烘焙度的不同，結果會各異，但大致上120g的生豆會烘出90～95g的咖啡豆。

Point：使用直徑16cm、深5cm的手網可以烘焙80～120g的生豆。

❷ 挑出瑕疵豆

以手工方式從要烘焙的豆子中挑出瑕疵豆，除去顏色淡的未熟豆或蟲咬豆。

❸ 開始烘豆

使用家中瓦斯爐的強火，手網放在瓦斯爐上方保持水平，高度約為手張開拇指到小指的距離，快速地左右搖動使水分蒸發。這道步驟用計時器計時6分鐘。

Point：烘豆的適當高度約為15～25cm，直接把適當高度標示在牆上也很方便。

咖啡豆在不同時間的變化	時間	生豆的狀態	烘焙程度
	6分鐘	生豆處於排出水分的狀態，整體顏色變黃。	
	9分鐘	第一爆。生豆劈哩啪啦地開始爆豆。	一爆中：淺烘焙～肉桂烘焙階段 一爆後：中度烘焙
	13分鐘	第二爆。變安靜之後又開始再次劈哩啪啦地爆響起來。	二爆開始：深度烘焙前期～城市烘焙開始階段 二爆中：深城市烘焙

❹ 確認顏色

經過2～3分鐘後，生豆的顏色會稍微產生變化。4～5分鐘後，內果皮正式開始分離，顏色也開始轉為黃色，產生炒穀物般的香氣。過了6分鐘後打開網子迅速確認顏色。確認生豆全都變成黃色，立刻繼續晃動手網。

Point：當手覺得疲勞時，用左手幫忙支撐右手，防止手網前端下垂。

❺ 第一爆時的火力調整

烘豆約9～10分鐘後開始產生煙，並發出劈啪聲響開始爆裂，稱為第一爆。產生第一爆時將手網稍微下降到離火源近一點的地方，等爆響聲變弱時，再回到原來的高度。

Point：依據手網高度及瓦斯爐的火力調整火力。第一爆後結束烘豆，大約會落在中度烘焙程度。

❻ 第二爆時的火力調整

約13分鐘時開始產生煙，緊接著發出劈啪聲，產生第二爆。與第一爆相比聲音較小且規則。產生第二爆時，手網拿得離火遠一點，或是將火調小。

❼ 移動到篩子上冷卻

達到自己想要的烘焙度時，迅速將咖啡豆在篩子中鋪展開來冷卻。即使離開火源，咖啡豆本身含有的熱也會讓烘焙持續進行，因此邊用木勺攪動，邊用吹風機或電風扇冷卻咖啡豆。

Point：烘出帶有美妙香氣咖啡的要領是短時間內冷卻豆子。步驟中請使用底面寬廣的篩子。

❽ 挑出瑕疵豆

咖啡豆完全冷卻後，攤開來挑出瑕疵豆。豆子若帶有黃色，則是未熟豆或烘焙不完全的豆子，會使咖啡產生雜味，必須仔細挑出。

Point：去除出現雜味的原因。

❾ 研磨咖啡豆沖煮咖啡

烘焙步驟結束後，研磨咖啡豆實際沖煮咖啡。熱通過咖啡粉內部，水往下流後，咖啡粉會像馬芬蛋糕一樣膨脹起來。

Point：剛烘焙好的新鮮豆子磨出的咖啡粉會像馬芬蛋糕一樣膨脹起來。

❿ 確認咖啡的味道

確認咖啡的味道及香氣。因為剛烘焙好的咖啡，味道和香氣還很薄弱，若想享受到咖啡本來的味道，在室溫下放置一天，等二氧化碳排除再喝較好。

Point：剛烘焙好的咖啡豆香氣弱且味道淡薄。在烘焙完3～4日才能感受到咖啡安定的味道。

自行烘豆的結果評價

❶ 檢視咖啡豆整體顏色是否均一，熱必須均勻地傳達至豆子才能烘出均一的咖啡豆。

❷ 下豆時觀察咖啡豆是否有確實膨脹，若有好好膨脹，就代表烘焙成功。

❸ 檢視有無燒焦的豆子，若咖啡豆顏色沒有均勻混合，燒焦的豆子會很顯眼。

❹ 嚼嚼看咖啡豆，若烘焙成功，咖啡豆會清脆且帶有甜味及酸味；失敗的話則有強烈焦味和苦味。

咖啡的感受評價標準

根據飲用咖啡的感覺評價感受，以客觀地判斷咖啡的香味。

❶ 香氣（Aroma）❷ 風味
❸ 餘韻 ❹ 酸味
❺ 醇度（Body）❻ 平衡度
❼ 均一感 ❽ 透明感
❾ 甜味 ❿ 缺點

以上10個項目滿分各為10分，評分後統計分數進行綜合評價（SCAA）。

在家成功烘豆的關鍵祕訣

不要燒焦生豆

在家烘豆時，須晃動生豆使豆子上下均勻受熱，使用底面凹凸的手網可以讓生豆受熱時不會燒焦。重點是不停地水平搖動手網。

選擇扁平的豆子

加熱生豆使水分完全蒸發是烘豆的重點，一開始先嘗試烘密度低的生豆，例如巴西或摩卡等扁平的生豆，等漸漸熟悉後，再來試烘焙密度高的生豆。

在適當的高度左右搖動

為了使手網維持在適當高度，可以在正前方貼上高度標示。手網與火源保持水平，才能均勻傳達熱。以細膩的手部動作左右晃動手網，使手網不要超出瓦斯爐的範圍。

烘焙前後手工挑揀出瑕疵豆

在烘焙前後將顏色不同的豆子、蟲咬豆、變形的豆子全數挑出。

以正確的保存方式維持新鮮度

咖啡豆放入紙袋中密封，再用塑膠袋雙重密封，阻絕空氣進入，這樣可以保存咖啡豆品質不變半年以上。

調豆 | BLENDING

自己獨有的調豆咖啡，創造有深度又和諧的味道

讓不同咖啡發揮各自特性並互相配合，創造出嶄新的味道及香氣，稱為「調豆」。最初的調豆咖啡是知名的摩卡爪哇（Mocha Java），混合了印尼咖啡與葉門或衣索比亞咖啡，使摩卡咖啡帶水果香的酸味和爪哇的強烈醇度達到和諧。為了調出好咖啡，須好好了解不同產地的咖啡特性，烘出一致的豆子。

混合咖啡豆的基本原則

❶ 混合特性相反的咖啡豆

想讓酸味變強，而把兩種酸味系列的咖啡豆混在一起，只會互相抹滅彼此的個性。混合不同特性的咖啡豆才能創造出嶄新味道。

❷ 決定基底豆（base）

以自己喜歡的豆子當作基底，並使用超過50%以上的量較好。在基底豆中加進想增添的咖啡豆或有香氣的咖啡豆即可。

❸ 調配不同產地的豆子

混合不同產地的咖啡豆有顯著效果，因平衡的組合能引出彼此的特性。

❹ 調豆的咖啡豆限於兩到三支豆子

咖啡豆的種類越多，難度也越高，味道也會越來越傾向一方，須多加注意。基本上會在基底豆中加上一兩種咖啡豆來搭配，想再增加時，則搭配烘焙度不同的相同咖啡豆。此時選擇烘焙度未超過三個階段以上的豆子較佳。

創造單品咖啡中品嘗不到的深度風味

調配咖啡時使用烘焙好的咖啡豆。一開始先用同一種咖啡豆但烘焙度不同的豆子進行調豆，之後變得較有信心，再慢慢增加種類即可。即使是同一種類的咖啡豆，在深度烘焙時酸味會突出，深城市烘焙時苦味會突出，因此會形成有深度的味道。相反地，烘焙度相同但咖啡豆種類不同時，咖啡的味道容易偏向一方，難以達到平衡。

調豆時使用的咖啡豆跟種類無關，使用自己喜歡的咖啡作為基底即可。然後再補充加進自己想要的特性，像是能帶來深度、華麗感或輕快活力等的咖啡豆。不過要避免加入太多種類的咖啡豆。使用特性相似的咖啡豆沒有意義，建議選擇亞洲-中南美、中南美-非洲等不同地區、帶有不同特性的豆子較好。

❶ 基本調豆

　　首先，準備一種豆子或烘焙度不同的豆子，使酸味及苦味達到和諧，此時烘焙度的差異不能太大，一開始先從5：5的比例嘗試味道，再找出最佳比例。

巴西中度烘焙＋城市烘焙

基底為巴西咖啡，它能引出其他支咖啡豆的特性。首先試著混合最常見的中度烘焙和城市烘焙。

哥倫比亞深度烘焙＋深城市烘焙

由帶有豐富醇度與甜味的哥倫比亞深度烘焙＋深城市烘焙組成。哥倫比亞是苦味系列的豆子，因此適合使用稍重的烘焙度。

❷ 成為更有個性的咖啡

調出符合自己口味的基本調豆咖啡後，再加入帶有自己喜愛特性的咖啡豆，下列是特性明顯的咖啡豆代表。

〔苦味〕**曼特寧**

曼特寧在深城市烘焙～法式烘焙時苦味明顯。義式烘焙因容易產生接近焦味的苦味，所以不推薦。

〔酸味〕**耶加雪菲**

請準備有著乾淨酸味的中度烘焙～深度烘焙咖啡豆。想強調酸味的話，可用耶加雪菲做基底。

〔甜味〕**瓜地馬拉**

瓜地馬拉的特徵是餘韻有柔和甜味，因此能給予調豆咖啡穩重感。推薦中度烘焙～城市烘焙。

〔香氣〕**肯亞公豆**

肯亞公豆的個性非常強，因此一開始先以整體的10%添加看看，試過味道後再慢慢增加。

六種調豆示範

❶ 基本調豆咖啡

巴西中度烘焙25%
巴西城市烘焙25%
哥倫比亞深度烘焙25%
哥倫比亞深城市烘焙25%

巴西調豆咖啡與哥倫比亞調豆咖啡都是
基本款，以同樣的量混合，可得到更加
平衡的味道。

❷ 清爽的味道

薩爾瓦多深度烘焙60%
巴西中度烘焙25%
多明尼加城市烘焙15%

以薩爾瓦多的輕快感作為基底，再加上
維持均衡感的巴西、帶出鮮味的多明尼
加，就能得到具清爽感的調豆咖啡。

❸ 有深度的味道

哥倫比亞深度烘焙30%
巴西中度烘焙20%
曼特寧深城市烘焙20%
肯亞公豆城市烘焙20%
哥倫比亞深城市烘焙10%

五種咖啡豆、四種烘焙度的組合，創造
出有深度的味道，有著緊緊貼附在口腔
中的優雅味道。

❹ 深邃又強烈的苦味

肯亞深城市烘焙50%
曼特寧深城市烘焙30%
哥倫比亞深城市烘焙20%

以三種不同產地、但同為深城市烘焙的
豆子進行組合，除了苦味以外，複雜美
妙的顏色也形成多采豐富的滋味。

❺ 適合冰咖啡的味道

巴西法式烘焙70%
哥倫比亞深城市烘焙30%

使用巴西法式烘焙與哥倫比亞深城市烘
焙，表現出冰咖啡的核心：清新餘韻和
咖啡的苦味。

❻ 乾淨優雅的味道

瓜地馬拉深度烘焙60%
巴西深度烘焙20%
坦尚尼亞城市烘焙20%

用60%有著優雅及甜蜜感的瓜地馬拉，
搭配均衡度佳的巴西和坦尚尼亞，發揮
瓜地馬拉的個性。

初學者必看的調豆核心祕訣

❶ 找出最棒的「My Blend Coffee」

在咖啡專賣店品嘗各種調豆咖啡，並試著推敲味道的構成。當喝到自己喜歡的味道時，可去詢問店家咖啡豆種類、調配比例等。

❷ 以咖啡豆的狀態進行調豆與保存

烘焙後的咖啡豆依照自己的喜好調配比例調豆，再用磨豆機磨碎成咖啡粉。為了保持新鮮度，在完整咖啡豆的狀態下調豆並保存，之後每次要喝時再研磨即可。

❸ 使用咖啡粉簡單地進行混合

雖然是用咖啡豆來調豆再研磨成粉，但在家中享受咖啡時，也可以購入已磨好的咖啡粉，再根據比例嘗試調配出各種咖啡。

❹ 不要使用生豆來調豆

因生豆的大小和水分含量都不同，烘焙起來會不均一，請務必用烘焙好的咖啡豆來調豆。

磨豆 | GRINDING

根據萃取方式使用不同研磨方式

　　生豆經過烘焙後成為能輕易磨碎的咖啡豆，並產生味道及香氣。咖啡豆的研磨度根據使用的萃取方式而不同，通常會研磨至比沙粒細、比砂糖粗的程度。為了讓咖啡豆蘊含的潛在能力發揮最大值，須根據萃取方式選擇適合的研磨度。

　　手動研磨機的價格既便宜，拿來當作裝飾用小物也毫不遜色，不過較不能研磨出均勻的顆粒。顆粒過小或不平均的話，水通過咖啡粉層時會花較長時間，因此萃取速度會變慢且產生苦味。定期清潔電動研磨機內部並適當管理，就能一直磨出均勻的咖啡粉。

符合不同萃取方式特性的研磨度		
	濾紙	細～中
	虹吸式塞風壺	細～中
	法蘭絨濾網	中～粗
	法式濾壓壺	中～粗

粗研磨

約粗砂糖的大小（1mm）。適合使用法式濾壓壺、滲濾式咖啡壺（Percolator）等，在熱水中倒入咖啡粉浸泡，或使用在法蘭絨濾網上。需要一定時間進行萃取，適合酸味系列的咖啡。

中研磨

最一般的中間程度顆粒大小。通常普通咖啡（regular coffee）使用此研磨度，也適合使用濾紙、咖啡機、虹吸式塞風壺等。

細研磨

接近粉狀的糖粉顆粒大小（0.5mm）。研磨出的顆粒越細，越能溶出更多咖啡成分，因此適合用在苦味系列的咖啡，或是用冷水浸泡的咖啡上。比細研磨更細緻的極細研磨則使用在義式濃縮咖啡上。

熱會減低咖啡風味

不管是手動還是電動研磨機，在磨咖啡豆時溫度都十分重要。特別是使用電動研磨機時，在高速迴轉的過程中會產生熱，咖啡容易產生雜味，身為咖啡之魂的香氣也會溢散掉。但只要知道電動研磨機使用法的訣竅，就能夠避免生熱，磨出均勻的咖啡粉。

而為了長久使用研磨機，要購入品質好的機器，並在使用後用刷子仔細掃除殘留的咖啡粉。用水清洗機器時要確實弄乾，注意不要讓機器生鏽，鏽會讓刀片受損。

手動研磨機
選擇可調整研磨顆粒大小的機器，重點是慢慢轉動把手，使機器不會產生熱。

電動研磨機
若為容易產生熱的小台電動研磨機，重點是磨豆時每啟動5秒便休息，反覆進行5～6次以研磨均勻。

小麥保管法
長時間未使用研磨機，可以用小麥作為清潔用的藥片。沒有清潔藥片可用時，在研磨機中放入米粒或麥子研磨，就能保持機器狀態良好。

3

萃取

熱水倒入咖啡中，溶出咖啡成分後過濾的過程稱為「萃取」。
在咖啡粉上用手沖壺注入水後，再用濾紙過濾出咖啡的萃取方式，
在美國或歐洲稱為「Brewing」或「pour over」。
根據沖煮咖啡用的器具不同，也有各式各樣的萃取方式。
要煮出一杯頂級咖啡的捷徑，就是去多喝咖啡，
並找出符合自己喜好和生活風格的器材及萃取方式。
只要熟悉幾種代表性的咖啡萃取法，
就能享有不亞於咖啡師的咖啡生活了。

BREWING

濾紙 | PAPER DRIP

濾出咖啡豆原本的味道

　　濾紙沖泡法（Paper Drip）是手沖咖非中最普遍的萃取法。雖然是最簡單的方法，卻能將咖啡豆原本帶有的好味道和壞味道忠實呈現出來，因此要非常熟悉沖泡技巧才行。

　　不同的製作者做出的濾杯種類也不同，必須學習適合各種濾杯的使用方式。將烘焙好的新鮮咖啡豆研磨至中間粗細，再用濾紙沖泡出一杯美味的咖啡吧。

濾泡咖啡的關鍵是「悶蒸」

　　濾紙沖泡法最重要的重點是注入熱水進行悶蒸。悶蒸是為了讓咖啡的美味成分能輕鬆萃取出來，也是為了帶出二氧化碳，二氧化碳會最先對水產生反應。咖啡豆含有的氣體量依咖啡的種類、烘焙度、咖啡粉顆粒大小、新鮮度而定。咖啡豆新鮮的話，注水後會大幅膨脹浮起，放很久的豆子則不會，注入的水反而會馬上掉落至玻璃咖啡壺。為了煮出美味咖啡，最重要的是均勻地烘焙新鮮咖啡豆，且不要研磨得太粗或太細，磨成中間大小較好。

用濾紙沖泡出美味咖啡

Kalita濾杯、玻璃咖啡壺、手沖壺、濾紙、手動研磨機、
磅秤、溫度計、中研磨程度的咖啡粉20g（2人份）、
熱水（約85～90℃）300ml

濾紙沖煮法大原則	順序	經過時間	水量
	悶蒸	25～30秒	一兩滴萃取液滴到下方承接的咖啡壺
	第1次萃取	30秒	70ml
	第2次萃取	20秒	50ml
	第3次萃取	40秒	30ml

❶ 鋪平咖啡粉

左右晃動濾紙，使咖啡粉鋪平。

❷ 悶蒸

注水至咖啡粉中。此時會產生泡沫，表面會膨脹升起，稱為「悶蒸」。等待20～30秒左右膨起的部分會沉回去。

❸ 第1次萃取

膨脹起的表面沉靜下來產生縫隙時，開始正式萃取。像畫螺旋一般，從中心往外圍畫圓注入熱水。

❹ 第2次萃取

中心的咖啡粉沉下去後再次注水。水最多注入至80％為止，越後面慢慢降低水的高度，並加快注水速度。請多加注意萃取量。

❺ 第3次萃取

確認滴落至玻璃咖啡壺中的咖啡量，並在得到想要的萃取量時，分離咖啡壺與濾杯。

❻ 完成

濾滴至咖啡壺中的咖啡到達刻度後，即使濾杯中還有水剩下也要結束萃取。萃取時間越長苦味越強，因此總萃取時間盡量不要超過3分鐘。到此，濾紙沖煮咖啡完成！可再根據個人喜好加入熱水調整咖啡濃淡。

成功使用濾紙手沖的關鍵祕訣

❶ 咖啡豆研磨至中研磨粗細

選擇適合萃取法的研磨度十分重要，
濾紙沖煮用的咖啡粉粗細使用中研磨
度較佳。

❷ 從中心注水

為了不讓咖啡粉層塌陷，須從中心開
始注水。請注意，若從濾紙的邊緣開
始注水，縫隙會被阻塞，而濾出淡薄
的咖啡。

❸ 從低的位置開始注水

盡可能從離咖啡粉近的地方小心注入
水。從高處猛然注水會把咖啡粉層沖
出洞，讓空氣進入，一旦含有外頭空
氣，悶蒸就失去意義了。在水完全滴
完之前，從略低的位置再次注水。手
沖壺離萃取口約3～4公分處為佳，
最高不要超過10cm。

❹ 準確的萃取量

為了好喝的咖啡，當壺中達到想萃取
的量時，即使濾杯中還有水也不要覺
得可惜，請毫不猶豫移除濾杯。若有
超出萃取量的水滴落，咖啡味道會變
淡，也會產生雜味。

濾紙折法

　　濾紙折成吻合濾杯的樣子，使側面及底面互相卡緊，達成平衡。須注意濾紙放進濾杯時不可弄濕。若濾紙溼掉，濾紙與濾杯口間會沒有通道讓熱排出。為了不讓濾紙沾染上味道，需保存於密閉容器內。

❶ 準備與濾杯大小相合的濾紙。首先將底面的摺邊折起。

❷ 翻到另一面，將側面的摺邊折起。

❸ 伸入手指至濾紙內兩端角落中折出形狀。

❹ 摺好的濾紙調整至與濾杯吻合。

各種量匙

　　量匙的大小依據容量而不同，知道自己使用的是幾克的量匙很重要，可依此調整濃度。

3-2

法蘭絨濾網 | FLANNEL DRIP

手作感滿分的法蘭絨濾網

使用絨布濾出咖啡的法蘭絨濾滴式，能沖出手沖咖啡中最棒的風味。不僅完美呈現沖泡咖啡者的個性，也是咖啡愛好者的人氣手沖法，但也是非常費工、麻煩的方式。想優閒享用咖啡，不妨試試用手作感滿分的法蘭絨濾網沖泡咖啡吧！

手沖中最頂級的美味

在濾紙手沖普及前，法蘭絨濾網經常被使用。因絨布的孔洞比濾紙大，所以油脂等成分較易流出，可沖煮出鮮味令人口齒留香的柔和咖啡。進行法蘭絨手沖時，需以熱水滲透每粒咖啡粉，確實做出悶蒸十分重要。因此注入熱水時要夠細心，也要有耐力。使用出水口細的咖啡專用手沖壺較佳，且要注意，法蘭絨是布料的一種，會讓水的溫度快速下降，所以萃取時水的溫度必須比濾紙手沖的溫度略高。

仔細觀察絨布的內外側，會發現兩面是不一樣的，一面有起細毛，另一面則無。使用起毛的那面萃取會花較長時間，因此味道較濃；使用沒起毛的那面萃取，咖啡顆粒會受到較少阻力，萃取速度快，因此味道變得較柔和。可根據個人喜好選擇使用哪面萃取。

絨布必須控管好，一旦乾掉，附著在上面的咖啡粉會變質而產生氣味。保存時也得多費心思，清潔時避免使用肥皂或清潔器，只用清水洗滌較好。

用法蘭絨濾網沖泡出美味咖啡

法蘭絨濾網、沖架、玻璃咖啡壺、量匙、
粗研磨的咖啡粉約30g、熱水（90～95℃）200ml

❶ 慢慢注水

像是把熱水「放到」咖啡
上一般，從中心一滴一滴
慢慢注入。

❷ 悶蒸

在法蘭絨手沖中，悶蒸是
最重要的步驟。咖啡粉整
體須充分悶蒸，一開始先
悶蒸2分鐘左右，再進行
3分鐘的萃取較洽當。

❸ 咖啡液滴落

進行法蘭絨手沖時，維持
一定的速度一滴一滴注
水。咖啡粉充分浸濕後會
滴下第一滴咖啡液，此時
停止注水。

④ 第1次萃取

水柱維持一致，進行第一次萃取。注意不要讓絨布直接接觸到水。

⑤ 第2、3次萃取

表面的泡泡破掉前進行第二、三次萃取，水柱注入的範圍不要太大。

⑥ 完成

濾滴出適量咖啡時停止注水，咖啡倒入杯中。

水柱調節功能優秀的咖啡專用手沖壺

咖啡專用手沖壺的出水口像鳥嘴的形狀，可防止水一口氣流出，並能輕鬆調節水柱粗細。

絨布保存在冰箱中

絨布使用完畢後，用水將內外側清洗乾淨，浸泡於裝水的容器中，放進冰箱保存。長時間不用則放進冷凍庫存放。

絨布的選擇

法蘭絨手沖的關鍵是絨布，須慎重選擇。絨布按材質、種類分成好幾種，其中最值得推薦的是以木棉平織而成的絨布。想去除細粉，就用有起毛的一面當作內面。

成功使用法蘭絨手沖的關鍵祕訣

❶ 絨布放進水中存放

萃取咖啡後,絨布上會留下油脂成分。若直接放置不管會讓絨布變得乾巴巴的,也會與氧氣接觸產生化學反應而出現氣味,對咖啡的味道造成影響。因此使用後要好好清洗,再浸入水中保存。

❷ 咖啡豆使用粗研磨

購入新鮮的咖啡豆,沖煮咖啡之前再研磨。研磨得越細,咖啡越容易混入殘渣,使雜味增多,因此法蘭絨手沖適合使用粗研磨的咖啡粉。

❸ 充分悶蒸

法蘭絨手沖的作法是讓每粒咖啡粉都充分浸濕膨脹,因此會悶蒸2分鐘左右。不過要注意,時間太長的話,可能會混進雜味而降低風味。注水時,已注過水的部分不要再次滴水,且點滴速度維持一致。水滴和水滴間注入的間隔若過長,味道可能會變淡薄。

法式 濾壓壺 | FRENCH PRESS

簡便又時尚的法式濾壓壺

　　法式濾壓壺是將咖啡浸泡在熱水中一定時間後再萃取，與其他萃取方式相比，法式濾壓壺能泡出香味更強烈且豐富的咖啡。因為咖啡直接浸泡在熱水中，因此能感受到咖啡的所有味道及豐富香氣，並將咖啡油脂的風味再提升。

　　咖啡本身含有的咖啡油脂中，充滿了散發咖啡味道的成分，使用法式濾壓壺萃取不會濾除這些油脂成分，因此適合用在高品質的精品咖啡上，引導出咖啡的美味。

　　法式濾壓壺本來是從泡紅茶用的濾壓器具衍生而來，咖啡專用的法式濾壓壺直到最近才出現。近來有設計感的法式濾壓壺逐一上市，且不像濾紙那樣需要拋棄更換，可以說是既環保又省錢的萃取器具。

準確計算咖啡量及時間

　　為了用法式濾壓壺沖泡出好喝的咖啡，沖泡前再研磨咖啡豆即可，且須精確的測量。萃取時間以3分鐘為準，使用計時器準確計時。在上手之

前須準確計算咖啡量及時間，這是每次都能沖泡出相同味道的祕訣。法式濾壓壺的優點是，咖啡豆選得好的話，不論是誰都能煮出美味的咖啡，且能忠實發揮咖啡豆本身的味道，零失敗，輕鬆簡單泡出一杯好咖啡。

　　法式濾壓壺適合微粗研磨的咖啡粉。咖啡油脂左右咖啡本來的風味、味道、個性，讓咖啡的味道更加有深度。使用儀器及計時器測量咖啡豆重量及時間，每次都要精確地測量，這是沖煮出均一味道的必要條件。

用法式濾壓壺泡出美味咖啡

準備

法式濾壓壺、量匙、計時器、
微粗研磨的咖啡粉10g（1人份）、熱水180ml

❶ 量好咖啡粉放入濾壓壺中

為了不讓溫度下降，事先預熱好濾壓壺。準確量好微粗研磨咖啡粉的份量，放進法式濾壓壺中。

❷ 倒入熱水悶蒸

倒入約20～30ml的90℃水，悶蒸20～30秒。咖啡粉膨脹浮起時，整個濾壓壺放到桌上，壺身輕叩桌子兩三次，讓咖啡及水均勻混合。

❸ 倒水後蓋上蓋子

倒入剩下的150ml熱水，蓋上蓋子。

❹ 計時等待

計時器設定3分鐘，時間到之前放著等待即可。

❺ 濾網向下壓後倒出咖啡

時間到了將濾網把手小心地水平向下壓。

❻ 完成

萃取出的咖啡倒進預熱好的杯子中。完成的咖啡表面會浮有一層油脂，這就是決定咖啡味道的要因。

成功使用法式濾壓壺的關鍵祕訣

❶ 精確的測量

不要只用眼睛大概目測咖啡豆的量，要用量匙精確地測量。

❷ 精確的萃取時間

萃取時間很重要。計時器設定為3分鐘，水倒完後馬上按下計時器開始計時。注意咖啡浸泡過久風味會變差。

❸ 不倒出殘渣

法式濾壓壺使用金屬網（濾網），因此
與使用絨布或濾紙濾出的咖啡不同，容
易有較細的咖啡粉混入。萃取出的咖啡
倒入咖啡杯中時，請不要全部倒完，剩
最後一點留在濾壓壺裡。而喝咖啡時，
也請留下些許殘餘咖啡在杯中，不要連
底部剩下的濃咖啡也喝盡。

法式濾壓壺的清潔保養

① 抓住金屬濾網，旋轉壓桿將兩者分離。
② 以中性清潔劑清洗壺身、卡在零件上的咖啡渣。也可以用柔軟
的刷子清潔。
③ 再次組裝好濾網及壓桿，在壺身中裝一點水，像是要打出泡泡
般做出打幫浦的動作上下抽壓，用水清除最細小的咖啡渣。
④ 再次拆解濾網和壓桿，擦乾水氣置於陰涼處晾乾，晾乾後再組
裝好收起來。

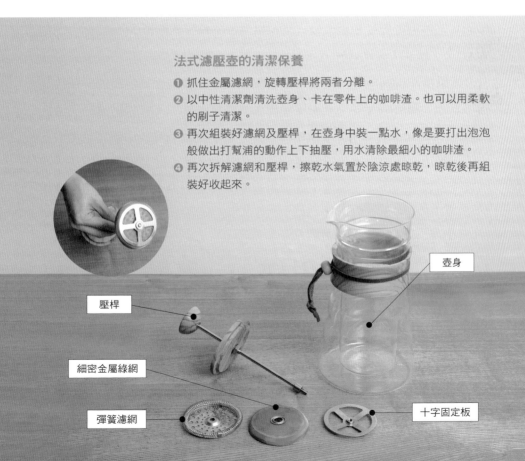

壺身

壓桿

細密金屬綠網

彈簧濾網

十字固定板

愛樂壓 | AEROPRESS

能感受到豐富香味的新型萃取器具

2005年上市的愛樂壓是美國玩具公司Aerobie的社長亞倫・艾德勒（Alan Adler）發明的，是以獨特方式活用氣壓進行萃取的工具。2008年起甚至舉辦世界愛樂壓大賽（World Aeropress Championships，簡稱WAC），是高人氣咖啡沖煮器具之一。

愛樂壓能根據咖啡豆的量、研磨顆粒大小、浸泡咖啡的時間、攪拌次數、水溫、壓的時間等不同而呈現出各式各樣的味道。愛樂壓透過完全沉浸式（total immersion）萃取法浸潤咖啡粉，使咖啡粉一口氣完整地泡在水中，帶出香味成分後，透過濾網萃取出咖啡。雖然是簡便的萃取法，卻能感受到豐富的香味及醇度，咖啡粉也充分被水浸濕，展現出乾淨且溫和的味道。再加上萃取時間短，所以萃取出的咖啡因較少，苦味也較弱。

以空氣壓力沖泡咖啡的獨特方式

施加壓力進行萃取的愛樂壓，能萃取出咖啡的非水溶性成分，因不使用濾紙，所以連咖啡的油脂成分也能萃取出，可感受到豐富的味道和深邃穩重的醇度。

愛樂壓萃取咖啡的過程十分簡便單純，影響萃取的變因也少。除了能快速萃取咖啡外，愛樂壓使用塑膠材質製作，因此破損的風險也低，體積又小，便於攜帶，適合在野外享受咖啡時使用。

用愛樂壓泡出美味咖啡

準備

愛樂壓（壓桿、濾筒、濾蓋）、
細研磨的咖啡粉17g、愛樂壓專用濾紙、
攪拌棒、漏斗、勺子、
手沖壺、熱水（85～90℃）230ml

❶ 用熱水沖濕濾紙

濾紙放入濾蓋中，以熱水淋濕清洗＊，去
除紙張的味道。

＊熱水先倒在濾紙上，可去除濾紙上的味道。

❷ 組裝壓桿

壓桿放在下方，從上方裝上濾筒，使注水
口朝上放置。

❸ 測量咖啡粉倒入

用漏斗將研磨後的咖啡粉按照萃取量放入
濾筒中。

❹ 第1次注入熱水

均勻地慢慢注入90ml的熱水。用攪拌棒
攪拌10秒直至咖啡完全溶於水。

⑤ 第2次注入熱水

均匀注入130ml的水,用攪拌棒攪拌一次。此時用細長的水柱慢慢注水。若攪拌均匀,咖啡的平衡度會更好。

⑥ 萃取

沖洗乾淨的濾紙放進濾蓋中,組裝至濾筒上。整個愛樂壓翻轉過來倒扣至玻璃咖啡壺上,小心地壓壓桿萃取咖啡。向下對壓桿施予一定壓力,邊調整速度邊往下壓出咖啡。壓桿下方發出空氣排出的嘶嘶聲時結束萃取。

⑦ 完成

咖啡倒入事先預熱過的杯子中。

雙層保溫 法式濾壓壺

ESPRO PRESS

濾掉細微殘渣後的乾淨味道

Espro Press是以法式濾壓壺為基礎所製出的萃取工具，壺身用不銹鋼雙層真空製成，在維持溫度上效果顯著，保溫性極佳。細密的雙重濾網可以過濾掉極小的殘渣，讓壓出的咖啡有乾淨的味道。Espro Press是以浸泡的方式萃取咖啡，萃取出咖啡油脂的效果卓越，咖啡油脂中含有咖啡固有的味道及豐富香氣。大小適中，重量輕巧，方便攜帶出門使用。

用法式濾壓壺做出一杯美味咖啡

準備

雙層保溫濾法式壓壺、
手沖壺、攪拌棒、
研磨得微粗的咖啡粉20-25g、
熱水（90-95℃）300ml

❶ 量好咖啡粉倒入壺中

用熱水預熱Espro Press壺後，研磨得微粗的咖啡粉準確量好分量，倒入壺中。

❷ 像手沖一般注入水

均勻注入準備好的熱水約20～30ml，咖啡粉往上鼓起時，悶蒸20～30秒。

❸ 用攪拌棒攪拌

剩下的水倒完，用攪拌棒攪拌。根據攪拌的次數不同，咖啡的味道及香氣也會改變。

④ 等待3～4分鐘

濾網蓋稍稍往下壓後，等待3～4分鐘讓咖啡進行萃取。

⑤ 下壓

時間到了就慢慢將壓桿往下壓。

⑥ 完成

咖啡倒入事先預熱過的杯子中。

虹吸式塞風壺 | SIPHON

香氣佳、味道清爽絕品的塞風壺

使用塞風壺萃取咖啡，能煮出香味佳、味道清爽乾淨的咖啡，且其與其他萃取器具不同的獨特外觀也有表演效果。不過它最大的魅力是，只要確實遵守適當的研磨度及咖啡量、火力、萃取時間，就能煮出香味安定的咖啡。

塞風壺以耐熱玻璃製成，由球狀下壺及上半部的上壺組成，以水蒸氣的壓力將下壺的熱水引流至上壺萃取咖啡。塞風壺是約在1840年，蘇格蘭人羅伯‧內皮爾（Robert Napier）開發出的真空式萃取器材，1924年再由日本KONO公司加以商品化，並取名Siphon。韓國在1970～80年代，大學附近的咖啡廳也很流行塞風壺。

嚴禁大火

咖啡廳以塞風壺萃取咖啡，使用的不是瓦斯爐，而是酒精燈。最困難的是火力調整，嚴禁使用大火，因為當水煮滾上升到上壺時，若火力過強，水會往下掉落。用火力小的酒精燈煮水會花較長時間，火力調整也困

難，因此在家中萃取時，使用已經煮沸的水進行萃取會較簡單。

　　咖啡豆一般使用城市烘焙以上的烘焙度，研磨粗細約在0.5mm左右，與手沖相比略細。

用虹吸式塞風壺泡出美味咖啡

準備

塞風壺、濾布、木製攪拌棒、
研磨至中等粗細的咖啡粉約30g（2人份）、熱水300ml

❶ 裝設上壺

濾布放進上壺中，與濾心上的彈簧固定
後，調整位置使濾布位於上壺中央位
置。

❷ 讓熱水流至上壺

上壺中放入咖啡粉，下壺中倒入煮沸的
熱水。倒入冷水的話會花太長時間加
熱，因此直接使用熱水較佳。用乾布完
全除去下壺外部的水氣，以酒精燈加熱
下壺，使壺中空氣膨脹。水煮沸後等待
水向上流至上壺。

❸ 第1次攪拌

下壺中的水完全移動至上壺後，火稍微
轉小，用木製攪拌棒像要撥開咖啡粉
般，穩定地攪動約10次左右。調整攪拌
次數、浸泡時間即可調整濃度。

④ 第2次攪拌

等待20～25秒後用攪拌棒第二次攪拌。
上壺中會形成泡沫、咖啡粉、咖啡液分
層。

⑤ 關火

第二次攪拌完，經過1分鐘萃取後關火，
等待咖啡往下流。與手沖萃取相比，塞風
壺能更輕易浸出咖啡帶有的成分，因此時
間過長會浸出雜味。

⑥ 咖啡往下流

浸出的咖啡從上壺中往下流，一開始會慢
慢流，最後會強力地往下流。若流動不順
暢的話，用毛巾或抹布包住下壺，使下壺
溫度降低，咖啡就會輕鬆往下流了。咖啡
全部萃取完後，留在上壺中的咖啡粉若呈
現圓拱形，這樣的咖啡味道會是最好喝
的。

⑦ 完成

萃取結束後分離上壺與下壺，咖啡倒入預
熱好的杯子中。

成功使用虹吸式塞風壺的關鍵祕訣

❶ 修整燈芯末端

初學者最須注意的是火力調整。首先必須防止火力過強；購入酒精燈後，燈芯調整得短一點，並將末端剪成圓形，使火焰能維持適當大小。

❷ 調整為中火

為了煮出香氣佳、無雜味的咖啡，須維持火力在中火，不要整個燒起來。火焰的頂端稍微擦過下壺壺底的高度最適當。

❸ 確實固定濾布

太急躁的話，會沒固定好濾布就萃取咖啡。請務必將濾布按壓在上壺中心，抓住鍊子尾端拉緊，確實固定。

❹ 小心地攪拌

攪拌使熱水和咖啡粉均勻融合，但攪拌過頭的話，會溶出過多成分而產生雜味。因此重點是細緻的手部動作。

使用虹吸式塞風壺的注意事項

使用絨布做濾布時

使用絨布作為濾布，絨布上的毛纖維可除去細微粉末，煮出沒有雜味的乾淨味道。雙面絨布容易被細粉阻塞，因此使用單面絨布即可。濾布包覆至金屬濾心上時，要按住中心確實拉緊細線束口，包太鬆的話會影響味道。而為了煮出清爽的咖啡，須確實地將濾布固定在上壺。使用完畢後，用水仔細清洗絨布的內外面，浸泡在水中存放在冰箱內。若2～3天未使用的話，先煮過一次再用。

精心保管及打理塞風壺

使用完畢後拆解濾布時不要太過用力。解開連結固定用的尾端後，輕敲上壺末端部分就能輕鬆拆下。若有地方塞住，咖啡液會流不太下來，上壺和下壺太髒的話，使用中性清潔器清洗。而塞風壺易碎，清洗時要多加留意。

BREWING
Homemade Coffee Life

093

Chemex手沖壺 | CHEMEX

穩定濾出柔和清爽風味的Chemex手沖壺

1941年，德國發明家彼得·施倫博（Peter J. Schlumbohm）博士發明了Chemex，它是咖啡壺與濾杯一體成型的咖啡萃取器具。被伊利諾理工學院選為當代100種最頂尖的設計產品之一，最初的Chemex手沖壺也被收藏展示於紐約康寧玻璃博物館（Corning Museum of Glass）。

透過阻絕外部空氣流入的空氣通道（Air Channel，出水口），能自然排出熱空氣，與葡萄酒醒酒器的模樣相似，有保留濃郁香氣的效果。Chemex在注入水後以倒入的方式萃取咖啡，在穩定萃取出溫和且清爽的咖啡上效果顯著。

用Chemex泡出美味咖啡

Chemex手沖壺、Chemex專用濾紙、手沖壺、
中研磨度的咖啡粉35g（2人份）、熱水（85～92℃）300ml

❶ 折濾紙

濾紙折三摺成圓錐狀，較厚處對準空氣通
道（出水口）放入。

❷ 沖濕濾紙

以熱水澆濕濾紙去除紙味，並有預熱
Chemex的效果。預熱後的水倒掉。

❸ 量好咖啡粉放入

倒入磨好的咖啡粉。

❹ 悶蒸

從中心開始注水，悶蒸約20～30秒。

❺ 第1次萃取

咖啡粉膨脹起縫時開始萃取。從中心開始以螺旋形穩定向外畫圓，注入100ml的水。

❻ 第2次萃取

咖啡粉消下去時再次注入100ml的水。

❼ 第3次萃取

配合萃取量倒入最後300ml的水。將濾紙與Chemex分離。

❽ 完成

咖啡倒入預熱好的杯子中。

摩卡壺 | MOKA POT

方便攜帶的義式濃縮咖啡器具

就算沒有義式濃縮咖啡機，只要使用簡單又經濟實惠的家庭用摩卡壺，無論何時都能享受濃縮咖啡。摩卡壺是有2層構造的咖啡壺，由下方裝水的下壺、萃取咖啡的上壺，以及在兩者間放置咖啡粉的粉杯組成。在下壺中裝水加熱後，水蒸氣會往上升，通過中間的咖啡粉，在上方的上壺中萃取出咖啡。因為壓力低，所以義式濃縮咖啡特有的crema少，但可以感受到濃郁味道及重量感。

摩卡壺起源於1933年義大利發明家阿方索・比亞萊提（Alfonso Bialetti）設計的「摩卡濃縮咖啡壺」（Moka Express），是直接放在火上加熱的直火式咖啡萃取器具，受到許多家庭喜愛。摩卡壺主要由鋁製成，鋁的熱傳導性絕佳，能快速萃取出濃醇咖啡，此外也有不銹鋼、陶製摩卡壺等。

用摩卡壺泡出美味咖啡

摩卡壺（2人用）、摩卡壺專用濾紙、爐架、
細研磨度的深城市烘焙咖啡粉約14g（2人份）、熱水90ml

❶ 填放咖啡粉

咖啡粉填入粉杯中，用量
匙背面輕輕按壓均勻。

❷ 下壺中注入熱水

使用冷水的話，到煮沸要
花上一段時間，無法直接
萃取咖啡。

❸ 裝上咖啡粉杯

填好咖啡粉的粉杯組裝至
下壺。

❹ 組裝上壺和下壺

因下壺裝了熱水，請小心
拿取。安裝妥當使蒸氣或
熱水不會流出。

❺ 放至火上加熱

爐架安裝至瓦斯爐上，放
上組裝好的摩卡壺，以中
火加熱3～5分鐘左右。
咖啡液升起時火轉小，當
咖啡完全升起，發出咕嘟
咕嘟聲時關火。

❻ 完成

從火上取下摩卡壺，用冷
毛巾包住下壺降溫。咖啡
倒入預熱好的杯子中。

成功使用摩卡壺的關鍵祕訣

❶ 咖啡粉填滿後按壓緊實

粉杯中裝滿咖啡粉，使用有平面的工具
均勻壓平，搭配濾紙一起使用，可以享
受到味道乾淨的咖啡。

❷ 水量適當

摩卡壺下壺壁上的小孔為洩壓閥，能調
節蒸氣壓力，注水量須在洩壓閥下緣，
不得超過。

❸ 細研磨的咖啡粉

摩卡壺是在短時間內萃取的方式，因此
請盡量將咖啡豆研磨細緻。

❹ 上壺和下壺牢牢組裝穩定

若未裝緊，咖啡可能會從縫隙間流出，
因此牢牢固定上下壺十分重要。

❺ 留意握把

握把接觸到火焰會融化，可稍微轉向旁
邊。

萃取方式總整理

BREWING & POUR OVER

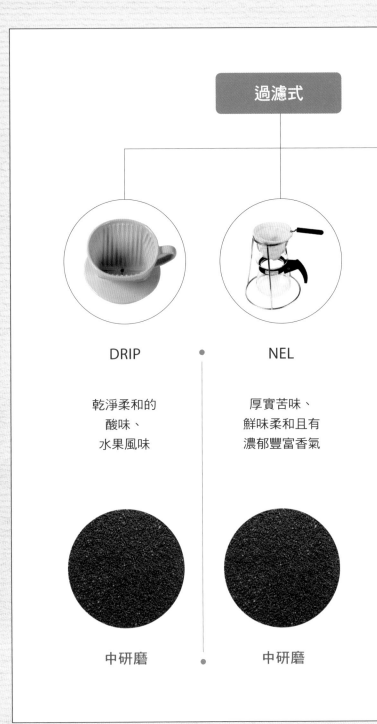

過濾式

DRIP

NEL

乾淨柔和的
酸味、
水果風味

厚實苦味、
鮮味柔和且有
濃郁豐富香氣

中研磨

中研磨

熱水注入咖啡中，溶出咖啡成分後進行過濾的動作稱為「萃取」。「萃取咖啡」是指用手沖壺在咖啡粉上注水，再以濾紙濾出，在美國或歐洲稱為「Brewing」或「Pour over」。

CHEMEX · DUTCH · CLEVER

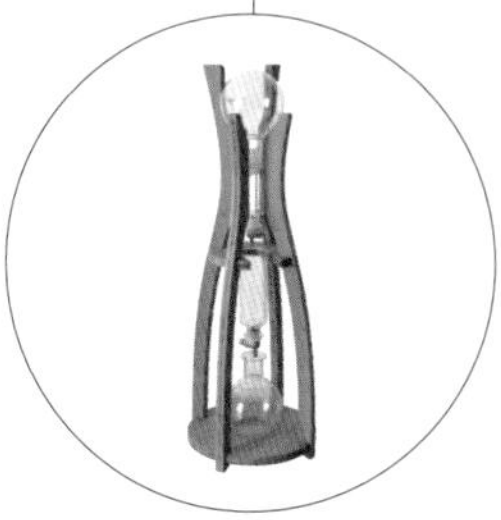

醇度柔和
香氣豐富

獨特豐富的
深邃香氣、
醇度柔和

穩定且
乾淨的味道

中研磨 · 細研磨 · 中研磨

真空過濾式		浸泡式

SIPHON	•	AEROPRESS	•	ESPROPRESS

穩定的香氣
和乾淨甜味

豐富香氣、
味道乾淨柔和

滑順香氣、
味道乾淨柔和

中研磨 • 中研磨 • 細研磨

FRENCH PRESS · **SOFTBREW** · **MOKAPOT**

粗獷卻
柔和的苦味、
醇度豐富

有深度的醇度、
香氣豐富

深邃濃郁
的苦味

粗研磨 · 粗研磨 · 細研磨

4

咖啡味道
的其他要角

∙∙

為了沖煮出美味咖啡，好的咖啡豆、適當的烘焙度，
以及熟練的手藝都是不可或缺的。
還有一些不能漏掉的部分，那就是沖煮咖啡用的水，
因為我們喝的咖啡其實有99％都是由水組成。
其他還有凸顯出咖啡的鮮味、使風味更加鮮明的砂糖，
以及緩和咖啡強烈苦味及酸味的
奶精和牛奶等。

WATER SUGAR
MILK CREAM

水　│　WATER

因水而變化的咖啡味道

　　為了沖煮出美味咖啡，好的咖啡豆、適當的烘焙度，以及熟練的手藝都是不可或缺的。然而除此之外還有一些不能漏掉的部分，那就是沖煮咖啡用的水，因為我們喝的咖啡其實有99%都是由水組成的。美味的水的基本條件有：心須盡可能新鮮，沒有氣味或顏色，並含有適量的礦物質（30～200ppm），二氧化碳含量適當，沒有氯氣成分，且水溫在10～15℃左右。

　　根據硬度不同，水大致分為硬水和軟水。硬度是以數值表現水中含有的鈣及鎂含量（礦物質含量），數值低者稱為軟水，數值高者則是硬水。以每公升100毫克為標準，韓國的自來水和地下水大多是軟水，但歐洲或美國主要是硬水（編按：台灣大多也是硬水）。

想要苦味用硬水，想要甜味用軟水

　　那麼，硬水和軟水哪個比較適合煮咖啡呢？坦白講，很難說哪一種比較適合煮咖啡。調查各種文獻意見也是分歧的，也有人認為咖啡與水的關

係不高。不過在性質上，咖啡的苦味更容易滲透進硬度高的水中。由於每個人對苦味的喜好程度不同，因此在沖泡咖啡時，根據個人的味覺及喜好，最能達到平衡的水也不同。一般來說，用含有50～100ppm的無機物，也就是弱硬水沖煮，咖啡的味道會最好。但喜歡柔順味道的人喜歡用軟水沖煮咖啡，喜愛苦味的人則傾向用硬水沖煮咖啡，以凸顯苦味。

在硬水與軟水之間有鈣含量適當的中硬水，還有硬度最高的超硬水。市售的礦泉水中也有各種硬水、軟水、中硬水、超硬水等。下表為包含自然水在內，比較味道差異後的結果。

軟水

0～75ppm
酸味及柔和味道
軟水使咖啡變柔和且香氣變弱，發揮出酸味。

自來水

韓國的自然水為軟水
與中硬水相比，會讓咖啡酸味變強，苦味變弱。

中硬水

礦物質含量150～300ppm
豐盈感及苦味
軟水與硬水中間的硬度。酸味及苦味也是軟水及硬水中間程度，在某種程度上能抑制刺激度。

硬水

弱硬水75～150ppm
超硬水 300ppm以上
硬水會帶出咖啡最大限度的苦味。使香氣變強並發揮出豐盈感。

熱咖啡很苦！

沖煮咖啡的水溫也是影響咖啡味道的要因。水的溫度越高味道越強，溫度越低則可溶性成分被萃取出得少，相對來說味道就較弱。而萃取時必須根據咖啡豆的狀態調整水溫，烘焙度越淺的咖啡豆因組織越硬，可溶性成分少，所以需要提高水溫；烘焙度越深則可溶性成分越多，因此須降低水溫。所以在萃取前須先掌握咖啡豆的烘焙程度。

沖泡咖啡時，首先將水煮沸至100℃，等水溫降至適合萃取溫度時，再進行注水。使用留有二氧化碳的水較佳，若再次加熱已煮沸過一次的水，則會降低咖啡風味。

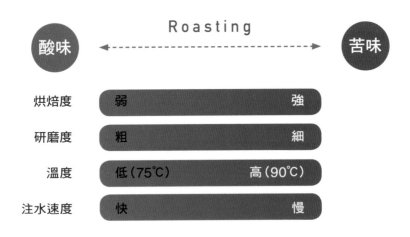

　Roasting

| 酸味 | ←----------------------→ | 苦味 |

烘焙度	弱	強
研磨度	粗	細
溫度	低（75℃）	高（90℃）
注水速度	快	慢

＊通常在90℃以上的高溫中苦味會增強，75℃以下的低溫中則酸味會變強。
而注水注得越慢苦味會越強，注得越快則酸味會增強。

根據自己喜好的口味選擇咖啡風格

Standard

中焙　　　　　　　中研磨度　　　　　　　中溫（85℃）

適當地凸顯出咖啡豆的個性，並達到苦味、酸味、鮮味均衡的標準味道。萃取速度也是標準速度。

American

淺焙　　　　　　　粗研磨度　　　　　　　高溫（95℃）

可享受到輕快的酸味及香氣。推薦給不想喝濃咖啡的人。

European

深焙　　　　　　　細研磨度　　　　　　　低溫（80℃）

可享受到強烈苦味及炒穀物般的香氣。在歐洲的咖啡館經常可以喝到的味道，適合加入牛奶等飲用。

咖啡與水的合適度

根據水的種類不同，咖啡的味道究竟會產生多少改變呢？本書實際試喝過使用軟水、中硬水、硬水等沖泡的咖啡。

軟水帶出咖啡豆本來的味道及香氣，賦予柔和的感覺；硬水則帶出苦味，感覺較刺激。請根據個人的喜好來選擇水吧。

Soft Water

軟水

礦物質 0～75ppm

自來水與韓國市售的生水大部分都是軟水，礦物質成分少。三多水、白山水、ICIS水等韓國品牌的礦物質成分都在5ppm左右，硬度偏低。因礦物質成分少，所以不會對咖啡成分造成太大影響，試喝結果也是味道最柔和的。

濟州三多水

濟州火山岩層水

Data（單位：mg/L）

鈣：2.2～3.6

鎂：1.0～2.8

鈉：4.0～7.2

鉀：1.5～3.4

氟：未檢出

PH：7.5～7.8

硬度：21～23

白山水

白頭山火山岩層水

Data（單位：mg/L）

鈣：3.0～5.8

鎂：2.1～5.4

鈉：4.0～9.1

鉀：1.4～5.3

氟：0～1.0

PH：7.2～7.3

硬度：29

硬水

含有適量的礦物質，與軟水相比較不柔和，但酸味及苦味都在中間程度，適當地抑制了刺激，帶出協調的味道。

❶ 弱硬水

礦物質75～150ppm

❷ 中硬水

礦物質150～300ppm

Blue Marine

海洋深層水

Data（單位：mg/L）

鈣：6～9

鎂：20～25

鈉：6～10

鉀：5～8

PH：6

硬度：110

金川鍺泉水HealthyOn

鍺原石絹雲母岩層水

Data（單位：mg/L）

天然鍺含量 60

鈣：36.4

鎂：19.5

鈉：13.7

鉀：2.9

氟：0.3

PH：7.6～8.1

硬度：160

Aqua Pacific

Data（單位：mg/L）

鈣：33～39.5

鎂：16

鈉：12.4

鉀：0.0

氟：0.0

PH：7.5

硬度：250

Oksem

江原道岩層水

Data（單位：mg/L）

鈣：53.65

鎂：12.52

鈉：1.676

鉀：1.070

硅：6.925

硫磺：4.427

PH：7.8

硬度：209

愛維養evian

Data（單位：mg/L）

鈣：8

鎂：26

鈉：7.0

鉀：0

PH：7.2

硬度：304

超硬水

歐洲等國礦泉水大多是硬水。含有許多易與咖啡成分起反應的礦物質，因此當希望咖啡苦味強、刺激感重時，就是最適合用的水。

Contrex

眾多礦泉水中硬度最高的：1468。源自於法國孚日地區康特塞維爾山谷（Contrexéville），鈣和鎂含量豐富。

Data（單位：mg/L）

鈣：468

鎂：84

鈉：94

鉀：3.2

PH：7.4

硬度：1468

簡單方法讓自來水更好喝

韓國自來水雖是軟水，但散發的獨特氣味卻會減損咖啡的香氣。為了消除自來水的氣味，可使用淨水器或充分煮沸，也可放活性碳去除氯氣。若水管老舊也可能會有鐵質融入水中，鐵會與咖啡中的丹寧結合，對味道及顏色造成不好影響，因此避免使用這種水較好。首爾市用來宣傳自來水用的阿利水是經高度淨水處理過的自來水。

▶ 阿利水（arisu）

鈣8～26，鈉2～14，鎂1～6，鉀1～14

砂糖 | SUGAR

用砂糖為咖啡增添甜蜜感

　　減少咖啡苦味、賦予甜味的砂糖意外地種類繁多。砂糖是從人類最早發現的天然甜味食材：生長在熱帶地區的甘蔗和溫帶地區的甜菜萃取而得。從原料中萃取出的原糖溶解後，反覆經過精製和過濾，結晶後再乾燥成砂糖。一開始透過離心技術分離出的部分是白砂糖，糖度最高，其他成分少，再次反覆進行離心分離後，就能依序製出水分多、顏色深的黃砂糖、紅砂糖等。

　　與黃砂糖或紅砂糖相比，白砂糖的純度高，除了帶有甜味的成分外，幾乎沒有其他成分。黃砂糖或紅砂糖的甜味則較低，但礦物質豐富。

　　砂糖分成精製糖和含蜜糖兩種。精製原材料製成純度高的糖稱為精製糖，完整留下原料中的礦物質成分和蜜成分煮出的糖則是含蜜糖。黃砂糖被分類在含蜜糖一類。在咖啡廳或咖啡專賣店中，為咖啡而準備的砂糖大多是白砂糖。因為白砂糖是精製糖，所以沒有雜味，不會妨礙咖啡的味道。然而像南美產的鮮味強烈的咖啡，或是義式濃縮咖啡等，若加入黃砂糖，風味會變得更加豐富。

砂糖的種類

咖啡砂糖

像碎冰般塊狀的糖,添加了焦糖溶液做成茶褐色販售,適合拿來泡咖啡,特徵是融化速度慢。

熱量	400kcal	飽和脂肪	0g
碳水化合物	100g	反式脂肪	0g
糖分	99g	膽固醇	0mg
蛋白質	0g	鈉	0mg
脂肪	0g		

白砂糖

最普遍的砂糖,糖度高。易溶於水,無雜味的清淡甜味不會損害咖啡的風味。

熱量	400kcal	飽和脂肪	0g
碳水化合物	100g	反式脂肪	0g
糖分	0g	膽固醇	0mg
蛋白質	0g	鈉	0mg
脂肪	0g		

黃砂糖

留有原料中的礦物質成分,能讓鮮味強的咖啡、濃郁義式濃縮咖啡的風味發揮出來。

熱量	396kcal	飽和脂肪	0g
碳水化合物	99g	反式脂肪	0g
糖分	98g	膽固醇	0mg
蛋白質	0g	鈉	10mg
脂肪	0g		

有機蔗糖

Unrefined Organic Golden Light Cane Sugar

紅糖／巴西

熱量	398kcal	鈉	10g
磷	10g	鈣	90g
蛋白質	微量	脂肪	0g
碳水化合物	99.5g	鎂	20mg

紅糖

直接熬煮甘蔗汁製成的砂糖，為含蜜糖的一種。雜質多，糖度約在85％左右，但有著獨特風味。

印第安納有機紅糖

Indiana Unrefined Organic Black Brown Sugar

紅糖／巴西

熱量	369kcal	鈉	40g
脂肪	0g	蛋白質	0g
反式脂肪	0g	鈣	70mg
飽和脂肪	90g	膽固醇	0mg
碳水化合物	90g	糖分	90g

天然有機紅糖

Açucar Organica Demerara

紅糖／巴西

熱量	200kcal	蛋白質	0g
碳水化合物	50g		
脂肪	0g		
飽和脂肪	0g		
反式脂肪	0g		

方糖

製成六面體的砂糖，與粉狀砂糖相比使用上較方便。

白糖

白砂糖，方糖

Beghin Say / La Perruche
PURE CANNE / White rough-cut cubes

熱量	400kcal /1700kj		
蛋白質	0g	食物纖維	0g
碳水化合物	100g	鈉	0mg
脂肪	0g		

紅糖

紅砂糖，方糖

Beghin Say / La Perruche
PURE CANNE / White rough-cut cubes

熱量	400kcal /1700kj		
蛋白質	0g	食物纖維	0g
碳水化合物	100g	鈉	0mg
脂肪	0g		

其他

白雪 Fine Sweet

混合製劑食品添加物 / CJ第一製糖

＊一杯咖啡（約100ml）使用1g白雪

熱量	369kcal	鈉	29g
糖分	98g	飽和脂肪	0g
蛋白質	0g	反式脂肪	0g
碳水化合物	98g	膽固醇	0mg
脂肪	0g		

咖啡與砂糖的美味組合

　　砂糖凸顯出咖啡的鮮味，使咖啡的風味更加鮮明。讓我們來看看咖啡與各種砂糖間的搭配吧。

藍山咖啡等享受香氣的咖啡

　　有香氣且味道纖細的咖啡適合使用純度高的白砂糖。

摩卡等適合享受香氣的咖啡

　　喜歡酸味的人推薦使用咖啡砂糖或白砂糖，討厭摩卡酸味的人則建議使用黃砂糖或紅砂糖。紅砂糖能緩和酸味，讓味道變順口。

冰咖啡

　　使用液態糖（糖漿）讓甜味充分滲進咖啡。

韓國的砂糖故事

朝鮮正祖時期，韓致奫撰寫的《海東繹史》第26卷《物產志》中出現了下列記載，大意如下：

「『高麗栗糕』中栗仁多，毫不手軟地大量剝除外殼，放在陰影處晾乾後碾碎製成粉。在如此製作的粉末三分之二中加入糯米粉拌勻，塗抹上蜂蜜水後蒸熟來吃。加入白糖混合後會出現美妙的滋味。」

透過這則記載，可以推測從高麗時代，也就是中國宋朝起，砂糖便與胡椒一起傳入韓國，並已使用砂糖來製作飲食。朝鮮時代的實學書《山林經濟》海鮮料理篇章中，也看得到用砂糖與醋做出涼拌生魚片的紀錄。然而砂糖是輸入品，珍貴萬分，因此主要為皇室或貴族階層在消費，也當作貴重的禮物。在《宋子大全》中，1687年宋時烈寄信給金九知（音譯），信尾寫著「收到您寄來的毛筆及砂糖。」這樣的句子。另外在光海君2年（1610年）承政院發出請求，讓漂流至韓國的中國人盡速出發，請求的文章中出現以下片段：

「這次漂流來的中國人帶來的砂糖及紅糖，全都是沒有用處的物品，所以市場上沒有人會購買。」

可以看出一般老百姓對於砂糖這項輸入品不太了解，因此不會購買。

茶山丁若鏞的《茶山詩文集》中有許多詼諧的文章，其中有一篇文章十分有趣，描寫的是抓蒼蠅弔唁的內容，此處也有砂糖登場，大意如下：

「蒼蠅啊，不要飛進館裡去，旗桿與長矛森嚴地羅列插著。（…）長吏進入廚房查看飲食，在小鋁鍋中煎肉並用嘴吹火。雖然桂皮砂糖水是令人讚不絕口的東西，但虎視眈眈的門衛銅牆鐵壁似地看守著，回絕了他可憐兮兮的哀求，要他別再來搗亂。」

一個悲劇性的歷史場景中也有砂糖出現。在李肯翊的《燃藜室記述》中詳細記錄了發生壬辰倭亂時，宣祖拋下宮殿避難去的模樣：

　　「後宮閔嬪因暈轎而待在坡州，皇帝搭船等著，已經將近二庚了仍未用晚膳，喚內仕拿酒與茶來，卻無人拿來。內醫院的醫官龍雲掏出一塊夾藏在髮髻中的砂糖，舀江水沖泡後呈給皇帝。夜半抵達東坡館，皇帝才吃到米渣飯，世子以下的人全餓著沒吃。」

　　這個內醫院的醫官為了緊急時刻而將砂糖藏在髮髻中的故事，也意謂著砂糖被當作醫藥品來使用。

　　韓國於20世紀初開始生產砂糖，當時雖然成立製糖公司，但因為沒有經濟效益，所以生產幾乎中斷。砂糖開始作為大眾食品，是在1950年中期再次出現製糖工廠後。到了1960～70年代，砂糖則成為逢年過節時的代表性禮物。砂糖對食品產業的發達有著極大貢獻，並漸漸普及至大眾日常生活中。

奶油 與牛奶 | CREAM & MILK

咖啡好夥伴：奶油與牛奶

雖然黑咖啡也很棒，但在咖啡中加入牛奶或奶油來喝又是另一番風味。奶油或牛奶能緩和咖啡的強烈味道及酸味，形成柔和風味。像是可輕易取得的奶精、未含有食品添加物對健康較佳的鮮奶油、不需要冷藏保存的低卡路里粉狀奶油、營養價值高且能輕易取得的牛奶，以及保存性佳的煉乳等。

好的奶油必須能與咖啡均勻融合，拿奶精來說，倒入咖啡的瞬間會先沉到底下，之後會浮上來並在表面完美延展開，這樣才是好的奶精。粉狀奶油則要不結塊、能散開，且下沉快速，用湯匙攪拌時能好好融化。若沒有好好保存奶油導致變質，或放太久而乳化狀態不穩定，油星會分離出來浮在咖啡表面。

咖啡奶油的特徵

種類	原料	添加物	特徵	
			價格	風味
奶油Cream（乳製品）	乳脂肪	無	偏高	⊙
以牛奶或乳製品 為主原料製成的食品	乳脂肪	乳化劑、安定劑	偏高	⊙
	植物性脂肪＋乳脂肪	乳化劑、安定劑	普通	○
	植物性脂肪	乳化劑、安定劑	偏低	△

液態奶油（奶精，奶油球）

裝在小型容器中而使用方便。主要由植物性脂肪與牛奶成分構成，作為鮮奶油的替代品而製造出來，因很受歡迎所以到處都買得到。

鮮奶油

由牛奶製成，未含食品添加物，加入咖啡中能與苦味達成和諧順口味道。是能兼顧風味與健康的奶油。

牛奶

與鮮奶油一樣不含食品添加物，十分安全。跟鮮奶油不同的是，牛奶不會有緊緊黏附在口中的感覺。加入牛奶會讓咖啡的苦味變淡，是在家中泡咖啡歐蕾時不可或缺的必需品。牛奶的脂肪含量越高，乳糖就越多，奶泡中就會產生甜味。與一般牛奶相比，低脂牛奶更容易產生奶泡，因此適合初學者使用。

加糖煉乳

添加砂糖的煉乳。雖然能帶給咖啡獨特的風味，但煉乳本身很甜，須注意不要加太多。因為豐富的糖分阻止細菌繁殖，所以能保存很久。

粉狀奶油

可以說是即溶咖啡好拍檔的粉狀奶油，不需要冷藏就能保存，非常方便。能抑制咖啡的苦味及酸味，使咖啡在口中的觸感變好，並能感受到鮮味。因為看起來是乳白色，所以可能會誤認其主要成分為牛奶，但其實裡面並沒有添加牛奶。主原料為植物性脂肪，因此熱量低，價格也經濟實惠。

5

工具

沖煮咖啡的工具五花八門，從便宜輕巧者到正規高價品都有。
對初學者來說，首先要購入自己中意的濾杯和手沖壺，
最重要的是選擇可以用很久的器具。若能擁有自己理想中的工具，
那麼就能每天享受幸福的咖啡時光了。

TOOLS

咖啡生活的 忠實好幫手 | COFFEE TOOLS

研磨咖啡豆

磨豆機

將買來的咖啡研磨成粉的器具，
分為手動式與電動式。

萃取咖啡

手沖壺

沖泡咖啡時注入熱水用的茶壺。特徵是出
水口設計成能讓水細長地流出，一般茶壺
則難以細微調整水柱粗細。

濾杯

相對來說較便宜，隨處都買得到，因此
初學者也可以用濾杯輕鬆簡單地沖出美
味咖啡。重點是要小心注水。

玻璃咖啡壺

承接從濾杯中滴流
下的咖啡。

不管買到的咖啡豆再怎麼好，都需要適當的器具來沖煮出美味咖啡。最近市面上有各式各樣的咖啡器材，也很有設計感。若能好好了解並利用這些工具，就可沖煮出與咖啡師相比毫不遜色的好喝咖啡。沖煮咖啡的工具五花八門，從便宜輕巧者到正規高價品都有。對初學者來說，首先要購入自己中意的濾杯和手沖壺，若想喝到香氣佳的咖啡就需要磨豆機。一項一項慢慢入手器具，就能享有充實的咖啡生活。

　　最重要的是選擇可以用很久的工具。若能擁有自己理想中的器具，那麼就能每天享受幸福的咖啡時光了。

法式濾壓壺
能沖泡出濃郁咖啡的法式萃取器具，適合用在咖啡歐蕾上。不需要另外準備濾紙，長時間浸泡熱水與咖啡粉後，可直接發揮出咖啡豆的味道。

義式濃縮咖啡機
重烘焙咖啡豆研磨細緻後，以高溫蒸氣、壓力進行萃取。義式濃縮咖啡機分為手動、半自動、自動、完全自動式等，也有家庭用的高性能機型。

咖啡機
保養簡單，只要按下一個按鍵就能輕鬆煮出美味咖啡。適合一次要煮多人份的咖啡，或是本身喝很多的人使用。市面上也有烘豆功能或研磨功能都具備的嶄新產品。

磨豆機 | GRINDER

磨碎咖啡豆的工具，又稱為咖啡豆研磨機。咖啡豆磨碎成粉，二氧化碳會逸散，在咖啡粉中倒入熱水會被快速吸收，溶出咖啡帶有的香味成分，成為一杯咖啡。

磨豆機分為手搖式、電動式兩種。磨碎咖啡豆的刀片則有：螺旋槳式、錐刀式、平刀式、鬼齒式。

選擇磨豆機的標準如下：磨出的咖啡粉顆粒是否均一、是否會過度發熱、研磨速度是否恰當、保養維護是否便利等。最重要的是，咖啡必須要在萃取之前才研磨咖啡豆。

把手
轉動把手旋轉刀片，粉末便會掉落至下方。
關鍵是以一定速度小心研磨。

調節螺絲
以此螺絲調整手搖式磨豆
機的咖啡粉顆粒大小。相
反地，電動式磨豆機則由
旋鈕或刻度調整。

上蓋
防止磨豆時咖啡豆
彈跳出來。

刀片
手搖式磨豆機以精巧的
刀片像切東西般切碎咖
啡豆。不會因摩擦熱減
損咖啡豆香氣。

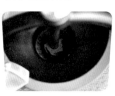

儲粉槽
磨出的咖啡粉會落入此空間中。此容量
即為一次可研磨的咖啡豆量。

手搖磨豆機

手搖式磨豆機（Hand Mill）是用手旋轉把手磨細咖啡豆的器具。刀片分為錐刀形和螺旋槳型。根據用途不同，每次使用時得調整螺絲，設定至適當的研磨度。價格便宜，但缺點是研磨出的顆粒大小不均。

Melitta咖啡研磨機0503

Kalita手動咖啡研磨機KH3

PORLEX陶瓷不鏽鋼咖啡磨豆機

Kalita手動咖啡研磨機KH5

電動磨豆機

　　使用方便簡單，可根據想要的咖啡粉粗細自由調整研磨顆粒大小，研磨出均勻的粉末。

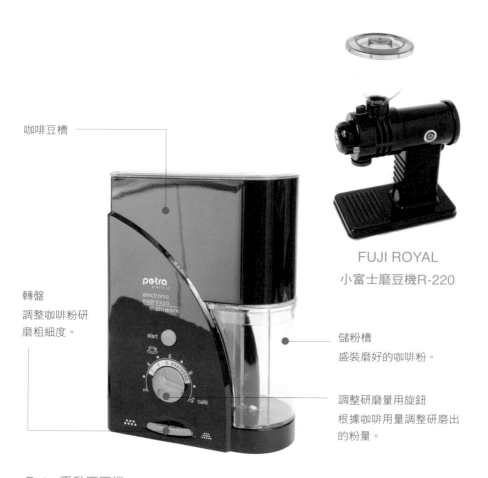

咖啡豆槽

轉盤
調整咖啡粉研磨粗細度。

FUJI ROYAL
小富士磨豆機R-220

儲粉槽
盛裝磨好的咖啡粉。

調整研磨量用旋鈕
根據咖啡用量調整研磨出的粉量。

Petra電動磨豆機

手沖壺 | DRIP POT

　　將水倒在咖啡粉上的咖啡專用器具，與一般水壺相比壺嘴（出水口）較窄且長，因為壺嘴長且窄，才能在注水時輕鬆調整水柱。許多手沖壺的設計很有個性，在手沖咖啡時扮演重要角色。手沖壺的大小多元，0.6～1.3公升都有，最常使用的材質是銅、琺瑯、不鏽鋼。

Kalita手沖銅壺900

握把
有各種型態，請選擇適合自己手握的款式。

壺嘴
從萃取開始到結束都能穩定注水，
扮演著調整水柱強弱的重要角色。

Kalita不銹鋼細口手沖壺
0.7、1.2、1.6公升

Kalita琺瑯瓷手沖鶴嘴壺1.0公升

壺嘴與鶴嘴形狀相似而稱為鶴嘴壺。壺嘴往前凸出，
主要使用在法蘭絨手沖上。

Comac Olivia手沖壺0.9公升

濾杯 | DRIPPER

手沖咖啡的必需品，放好濾紙後裝入磨好的咖啡粉，倒入熱水進行萃取用的工具。1908年由德國咖啡品牌Melitta的創辦人美利塔（Melitta Bentz）女士發明。此後日本人研發出各種型態的濾杯，有塑膠、陶瓷、銅、不銹鋼製等，大小從1～2人用、3～4人用、5～8人用都有。濾杯的基本構造相似，但大小、內側溝槽、出水口等各有差異。韓國普遍使用的濾杯品牌有Melitta、Kalita、KONO、HARIO、Kalita Wave、AltoAir等。

Melitta

美利塔

Melitta式濾杯只有一個出水孔，熱水會長時間停留
在濾紙內，慢慢地萃取，所以沖出的咖啡醇度佳。

萃取量

1×1（1～2人份）、1×2（2～4人份）、1×4
（4～8人份）、1×6（6～12人份）

把手
附有把手在萃取時
更加便利。

內側溝槽
稱為「rib」的溝槽可使
濾紙與濾杯間空氣流通，
有助於咖啡流動。

出水孔
有單孔、三孔、圓錐式等，可依據各濾杯的
特色調整萃取時間。

材質
陶瓷、塑膠、不銹鋼等，
各式各樣。

Melitta Aroma

Melitta Aroma

出水口在底部略靠旁邊一點的地方，濾紙部分也另外有Melitta Aroma專用的濾紙。Melitta Aroma專用濾紙不使用接著劑，而是有雙重縫線，表面有小孔（間隔0.3mm）。

Kono

Kono

比其他濾杯稍大一點。出水孔為單孔，濾杯杯身為圓錐形向中央集中的設計，可以沖出味道濃郁的咖啡。

材質：陶瓷。澆上熱水充分預熱後再進行萃取。也有塑膠製的。

萃取量：MD（1～2人份）、MD 41（3～4人份）、MD 11（10人份）

Kalita Wave

Kalita Wave

溝槽為橫向條紋的新式濾杯,底部平面的出水口形狀呈三角形,出水口設計成向下凹陷,濾紙不會擋住出水口,使萃取能順暢進行。濾杯與濾紙的接觸面積小,空氣能順暢流動。因此咖啡不會積在濾杯上,不論是誰來沖泡都能萃取出穩定的味道。必須使用有20道粗皺褶的專用濾紙。

材質:不鏽鋼　　萃取量:155(1～2人份)、185(2～4人份)

BAIRRO ALTO ALTOAIR

BAIRRO ALTO ALTOAIR

英國設計開發的濾杯,讓濾紙接觸濾杯的面積達到最小。可以使用各種圓錐形的濾紙,直接架在杯子上使用。能穩定萃取,適合萃取苦味少的溫醇咖啡。

材質:不鏽鋼。
萃取量:2～4人份

最古老的萃取器材

最早開始飲用咖啡的是穆斯林。在伊斯蘭世界,會使用叫做Ibrik或Cezve的器具煮咖啡,然後連同咖啡粉一起喝下去。

Kalita

Kalita

Kalita濾杯有三個出水孔。銅製濾杯的保管及維護困難，但熱傳導性及保溫性卓越。設計雖美，但缺點是價格昂貴。

材質：塑膠、陶瓷、銅製等。
萃取量：101（1～2人份）、102（2～4人份）、103（4～7人份）、104（7～12人份）

HARIO

HARIO

V字圓錐形濾杯，倒在咖啡粉上的熱水會向著圓錐的頂點流去，能濾出咖啡中的甜味成分。

材質：陶瓷、塑膠。塑膠濾杯輕巧且使用方便，價格也便宜。雖然沒有溫度變化而保溫性差，但內部是透明的，可看到萃取過程。
萃取量：01（1～2人份）、02（2～4人份）、03（4～6人份）

咖啡壺 | SERVER

用於盛裝萃取出的咖啡，材質為透明玻璃，壺身標有刻度以掌握萃取量。容量不一，從300～1200cc都有。

Melitta

Melitta New 500

設計成便於握取的咖啡壺，600cc與800cc的蓋子可互換。

材質：塑膠、玻璃、不銹鋼

HARIO

HARIO XGS-80TB

耐熱玻璃製，獨特的曲線增添設計感。

材質：矽氧樹脂、橡膠、玻璃、不銹鋼

壺口

為了容易倒出咖啡，各個品牌製作
的壺口形狀也很多元。

刻度

可確認咖啡的萃取量與濃度。

KONO

KONO MD 22

耐熱性強，與其他公司的產品設計不
同，壺口處玻璃延伸至蓋子以上，使用
起來很方便。

材質：耐熱玻璃、塑膠、不銹鋼
容量：300cc

Kalita

Kalita 101手沖用

使用最廣泛，可與其他公司的濾杯兼容
互換，設計時尚洗練。

材質：耐熱玻璃、塑膠
容量：300cc

法式 濾壓壺 | FRENCH PRESS

HARIO雙層玻璃濾壓壺DGC-40-DV

注入咖啡粉的熱水聚集在中心，萃取出咖啡成分。由雙重耐熱玻璃製成，保溫性極佳，操作簡單，易於使用。

容量：400ml

壓桿
與濾網一體的把手，咖啡結束萃取後往下壓即可停止。

濾網
金屬濾網能細緻地調整咖啡味道。濾網可拆下清洗。

HARIO

Bodum CHAMBORD法式濾壓壺

重現1950年代巴黎流行的咖啡壺。熱水注入咖啡粉中，經過3分鐘以上後按壓壓桿萃取。

容量：350ml

Bodum CHAMBORD

放入咖啡粉後注入熱水，按壓壓桿即可萃取咖啡的簡便器具。能忠實呈現咖啡帶有的味道特性，因此也使用在試飲上。由圓筒型玻璃壺身與帶有把手的濾網組成，連接濾網和把手的桿子貫穿蓋子。玻璃壺身上有刻度，標示能倒入多少水。法式濾壓壺除了可萃取咖啡外，也可在家製作卡布奇諾用的奶泡，或用來泡茶。

Bodum EILEEN法式濾壓壺

愛爾蘭知名設計師愛琳‧格雷（Eileen Gray）的時尚設計。

容量：800ml

Bodum
CHAMBORD

HARIO雙層保溫濾壓壺CPW-2SV

壺身呈V字圓錐形，注入咖啡粉中的熱水會往中心聚集，萃取出咖啡成分，使用簡單方便。

容量：480ml

HARIO

HARIO

HARIO CPS-2咖啡濾壓壺

壺身上印有操作方式的插畫，適合咖啡濾壓壺初學者使用。簡練的設計與便宜的價格也是其魅力所在。

容量：240ml

Tools
Homemade Coffee Life

時尚
咖啡工具

TRENDY
COFFEE TOOL

Sowden Softbrew

Sowden Softbrew陶瓷咖啡壺

英國設計師喬治‧索登（George J. Sowden）以杯測為基礎所設計，是一款泡茶器形式的咖啡萃取器具。由浸泡方式萃取出的咖啡味道柔和且乾淨。金屬濾網的材質為不銹鋼，使用雷射技術製出網孔，大小在150微米（micron）以下的粒子才能通過。可適當地調整細粉含量，咖啡與水能自然混合，享受到纖細的味道及香氣，且能萃取出咖啡的油脂成分，可充分感受到厚實的醇度。

材質：不鏽鋼

萃取量：2人份、4人份、8人份、12人份

依設計分為Jakob、oskar、james、joe

Clever

Clever聰明濾杯

Clever為「聰明伶俐」之意，是擷取手沖濾杯與法式濾壓壺的優點製作而成的萃取工具。如法式濾壓壺般在熱水中浸泡咖啡粉進行萃取，濾出的咖啡有著濃郁風味，並因為如手沖濾杯般使用濾紙，所以細粉少且乾淨。萃取方式簡單方便，能在短時間內萃取完，不論是誰操作都能得到均一的味道。

材質：Tritan樹脂
萃取量：1～2人份（250～300ml）、2～3人份
　　　　（530ml）

Espro Press

法式雙層濾壓壺Espro Press

法式雙層濾壓壺是以法式濾壓壺為基礎製作的萃取器具。以浸泡萃取的方式將咖啡粉泡在水中，能引出咖啡原有味道，以及帶出香氣豐富的咖啡油脂。法式雙層濾壓壺整個是以不銹鋼製成雙層壺身，保溫性及耐用性佳。以雙層不銹鋼濾網過濾掉咖啡細粉，因此能享用到醇度滑順且香氣豐富的咖啡。與其大小相比重量算輕，便於攜帶且使用簡單。

材質：不鏽鋼
萃取量：8oz（Small）、18oz（Medium）、32oz（large）

Chemexs

由德國科學家研製，咖啡壺與濾杯一體成形，將下方錐形瓶與上壺結合而成，凸顯出有品味的設計。悶蒸30～40秒，再慢慢倒入熱水。可享受到咖啡原有的豐富醇度及香氣等。Chemexs有木製防燙握把、玻璃握把、經典手工吹製款。

材質：玻璃
萃取量：3CUP、6CUP、8CUP、10CUP、13CUP

Chemexs

空氣通道
排出氣體，並使空氣能通過空氣通道散出，扮演溝槽（rib）的角色。

肚臍
能測量咖啡的萃取容量。
（譯註：壺身中段的氣泡狀突起物，被Chemex的粉絲暱稱為「肚臍」，做為容量標記，表示半水位的位置。）

底部
增廣與空氣的接觸面積，如葡萄酒醒酒器般，有抓住香氣的效果。

Aero Press

愛樂壓 Aero Press

施加氣壓進行萃取的器具，除了基本的濾紙外，
也有愛樂壓專用的圓形金屬濾網。濾壓咖啡的過
程簡便，萃取時間快，因此苦味不強，有著風味
多樣的香氣、濃郁但相對較柔和的口感，能感受
到無負擔的味道及醇度。愛樂壓的材質為塑膠，
較不易損壞，體積小而攜帶方便，適合在戶外享
用咖啡時使用。

材質：PCT（Tritan）、聚丙烯、橡膠
濾網：不鏽鋼
萃取量：1～2人份

Cafflano All-IN-ONE咖啡研磨隨行杯

攜帶用的手沖器材，手沖壺、磨豆機、濾杯、保溫杯多合一，
輕鬆簡單就能享受咖啡。

材質：不鏽鋼、聚丙烯、矽氧樹脂、陶瓷
萃取量：400ml

Cafflano

咖啡機 | COFFEE MAKER

　　以電動式取代手沖作業的便利機器，有許多種類、功能、設計。操作簡單，萃取時間短，具有保溫功能，因此能時常喝到熱騰騰的咖啡。若想享受咖啡豆本身的香氣，咖啡機則顯得有些不足。但打開濾網蓋子，稍微倒入熱水，經過手沖作業的悶蒸程序，就能享受到更豐富的咖啡香氣及風味。

Wilfa svart Presisjon

Wilfa svart Presisjon自動咖啡機

只要一顆按鈕就能自動運轉的單鍵系統，水流穩定且控制精確，並能自動維持在最佳溫度。

De'Longhi

De'Longhi ICM60

採用半永久性金屬濾網，解決每次都要替換濾紙的問題。使用調整香氣的香氣鍵（AROMA button）即可維持味道。

義式濃縮咖啡機

ESPROPRESS MACHINE

在家也能品嘗到義式濃縮咖啡的發源地──義大利的味道，家庭式的義式濃縮咖啡機必須在保養、清潔、操作上都簡單才行。

分為手動式與自動式，手動式需另行使用磨豆機碎咖啡豆，再人工進行填壓（Tamping）後萃取；自動式已內建好磨豆機，不需另外進行填壓作業，只要按下按鈕就能萃取咖啡。若內建有咖啡萃取自動化不可或缺的泵浦、感應器、安全閥及研磨機等裝置，通常會被分類為自動式咖啡機。

De'Longhi

De'Longhi ETAM29.510.B

內建13階段調整功能的頂級磨豆機，除可調整水量外，更可調整香氣濃度與溫度，能萃取出符合自己口味喜好的咖啡。Thermoblock System加熱系統可在30秒內以9～90℃的水溫萃取出義式濃縮咖啡short、medium、long等。

El Rocio Zarre

El Rocio Zarre咖啡機

使用皮革與木頭設計的獨特韓國產義式濃縮咖啡機。機身裝設有控制器，可根據使用者喜好改變各種條件，從one shot（譯註：shot為濃縮咖啡的計算單位，「一份濃縮咖啡」稱為one shot。）、two shot的設定，到沸騰溫度、萃取時間、可變壓、預約電源開關功能、預濕（Pre-infusion，或稱預浸）時間、萃取壓力等皆可調整。使用溫水與蒸氣分離的雙鍋爐，能縮短強力蒸氣與預熱的時間。

De'Longhi

De'Longhi EC200CD.B

調整蒸氣強度即可隨喜好打出豐富奶泡，為卡布奇諾系列的優點。

BIALETTI

BIALETTI直火式摩卡壺

可在家中利用蒸氣壓力煮出義式濃縮咖啡的器具，在瓦斯爐上加熱就可簡單萃取出咖啡。有復古設計與現代設計等各種外型，因此也有收藏家在蒐集摩卡壺。摩卡壺萃取出的咖啡多少有些粗糙質樸，但能享受到古典的滋味。

咖啡杯 | CUP

深邃的咖啡杯世界

喝咖啡是種嗜好，除了品味咖啡的味道外，喝咖啡的環境也很重要。在氣氛良好的地方與好朋友一邊欣賞美麗的咖啡杯，一邊度過愉快的時光，光想像就令人身心舒暢。

高級瓷器品牌會將紅茶杯與咖啡杯製成不同形狀。喝咖啡用的杯子高，紅茶杯則像向日葵般橫向延展得較寬，因為紅茶杯的重點不在保溫，而在呈現紅茶的色澤。

咖啡杯的邊緣則是展開變寬的，這與舌頭的味覺神經分布有關。舌頭的左右側感受酸味，內側舌根感受苦味，邊緣較寬的杯子能讓咖啡在口中散開，因此更能感受到酸味。若使用杯口與杯底同寬、從上到下為直線型的馬克杯，在飲用時咖啡會直線流向喉嚨，就容易感受到苦味。

咖啡杯的種類

標準standard

120～140cc

最普通的咖啡杯尺寸。不論裝哪種咖啡都很自然且使用方便。

小咖啡杯demitasse

60～80cc

Demitasse意指「小杯子」，使用在苦味強的義式濃縮咖啡上，在飯後想小酌時使用也不錯。義式濃縮咖啡因容量少所以很快就會冷掉，考慮到保溫性，demitasse會製作得比一般杯子還厚。且為了不讓杯子翻倒，會使用設計有凹陷處的碟子當杯碟。

厚的咖啡杯保溫效果佳，適合想邊優閒度過時間邊喝咖啡時使用。苦味強的咖啡在冷卻後苦味會增加，因此使用厚一點的杯子較好。義式濃縮咖啡杯的厚度約為3mm，因為容量少所以溫度降低的速度很快，為了解決這個問題，會選擇使用厚的杯子作為義式濃縮咖啡杯。

半小咖啡杯semi-demitasse

80～100cc

容量介於demitasse與標準之間，使用在雙份濃縮咖啡上。

Morning杯

160～180cc

適合爽快地飲用美式咖啡或咖啡歐蕾時使用，是稍微有些大的杯子。

咖啡歐蕾杯

300cc

咖啡歐蕾專用杯，沒有把手，像飯碗一樣的外型為其設計特色。

馬克杯

180～250cc

有把手的杯子中容量最大的，適合用來輕鬆享用淡美式咖啡。

6

特殊咖啡品項

. . . .

偶爾脫離美式咖啡及拿鐵，享受一下特別的咖啡如何？
依據心情和喜好享受特殊咖啡的器具，能帶領你走進不一樣的咖啡世界。
在炎熱夏季讓心情都涼爽起來的冰咖啡、
用冷水浸出純粹味道的冰滴咖啡、
隱藏在金黃色咖啡Crema中的深邃義式濃縮咖啡、
由豐富拉花點綴的咖啡等，
讓我們盡情徜徉在咖啡的世界吧！

SPECIAL
COFFEE ITEM

冰咖啡 ICE COFFEE

炎炎夏日，沒有比涼爽的冰咖啡更令人心動的飲料了。其中Aroma冰咖啡香氣濃郁，苦味強烈，有著透明感的味道更是一絕。冷水也能萃取，且十分快速，即使咖啡豆量少也沒關係。用一句話來說，就是用輕鬆心情簡單製作的冰咖啡。

若想引出咖啡豆本身的豐富香氣，最大的關鍵在於縮短從萃取到冷卻的時間。用瞬間冷卻的方式可以做出比店面販售的冰咖啡更透明、香味更顯著、味道更清爽的咖啡，加入牛奶就成了冰咖啡歐蕾。

製作美味的Aroma冰咖啡

準備
5～6人份

1公升以上容量的咖啡壺×2個、濾杯、
新鮮的重烘焙咖啡豆60g（中研磨度）、
水2公升

❶ 水注入放有咖啡粉的容器中

準備重烘焙的咖啡豆60g，研磨至中間粗細，放入咖啡壺中，倒入1公升的水（希望成品的量少一點，咖啡豆和水量可減半）。

❷ 慢慢攪拌混合

使用攪拌棒或湯匙攪拌30秒左右，直到水與咖啡混合均勻為止。不必強力攪拌，不要急躁慢慢地攪拌。要注意，過度混合的話，成分也會過度濾出。

❸ 放置10分鐘～1小時左右

放置一段時間（放進冰箱冷藏更佳），咖啡粉會膨脹鼓起，但請不要攪拌。放置時間短會有爽快味道，時間長的話則產生個性強烈的味道。

❹ 用濾紙過濾咖啡

最後輕輕攪拌使其均勻混合，再使用濾杯濾出咖啡。依自己喜好於玻璃杯中放進適量冰塊，再倒入咖啡即完成。

Point

與熱咖啡一樣，咖啡豆研磨至中間程度較適當。對冰咖啡來說，豆子的品質及香氣非常重要，因此請務必使用「剛烘好的豆子」、「重烘焙咖啡豆」、「香氣符合自己喜好的豆子」。

瞬間冷卻製出美味冰咖啡

大的濾杯、濾紙、咖啡專用手沖壺、重烘焙的新鮮咖啡豆50g、
大塊的冰塊（裝滿咖啡壺的量）、沸水（450ml左右）

❶ 裝滿冰塊，放上濾杯

在咖啡壺中裝滿冰塊，濾紙放入濾杯中，放入咖啡粉後左右搖晃，使表面攤平。咖啡豆研磨至略細程度較佳。

❷ 悶蒸

手沖壺中裝入約90℃的熱水，從咖啡粉中心如畫圓般注入熱水，咖啡粉會膨脹鼓起。悶蒸1分鐘左右，水量以使咖啡彷彿快滴落進咖啡壺的程度最佳。新鮮的咖啡粉會膨脹鼓起，並請選擇冷掉後喝起來還是好喝的水。以水壺煮滾水再倒入手沖壺，這時的溫度最為剛好。

❸ 萃取

從濾杯中央開始慢慢注水，使咖啡粉表面
不會變得凹凸不平。請注意不要讓悶蒸後
產生的咖啡粉表面部分坍塌。滴入咖啡壺
的咖啡滿到冰塊上緣時停止注水。再倒入
更多水的話，滴落的咖啡將無法藉由冰塊
急速冷卻。

❹ 拿掉冰塊

想立刻飲用泡好的咖啡，不用拿掉冰塊，
咖啡直接倒入玻璃杯中即可。想收起來之
後再喝，則取另一個空咖啡壺架上濾杯濾
紙，濾杯用冷水沖洗過後再倒入冰咖啡，
分離咖啡與冰塊。

Point

瞬間冷卻的冰咖啡氧化速度慢，因此可享用的時間較長。但不拿掉冰塊直
接冰起來的話，咖啡味道會變淡，因此請拿掉冰塊後再保存。直接喝黑咖
啡也不錯，加入牛奶變成冰咖啡歐蕾也很棒。加入糖漿的話，就能製成小
孩也愛喝的美味冰咖啡了。

❺ 冷藏保存

放進冰箱保存，一兩天內都能享受到美味咖啡。不過放太久的話，其特有的透明感會消失，變得像店面賣的普通冰咖啡，因此請盡快飲用。直接把咖啡壺整個放進冰箱時請記得蓋上蓋子。

除去濾紙的紙味

到處都買得到的濾紙是很方便的工具，但除去紙張的味道十分重要。為了除去紙味，須徹底用水沖澆過。折好濾紙放進濾杯中，熱水裝入手沖壺中，澆一圈水在濾紙上，使水均勻沖洗過濾紙，就能除去紙味，請各位一定要試試。

荷蘭咖啡 | DUTCH COFFEE

咖啡成分易溶於熱水中，水溫在90～95℃時咖啡的味道及香氣最棒。因此使用冷水泡咖啡時，需要一定的時間。用冷水萃取出的咖啡與用熱水萃取出的咖啡香氣及特色不同，尤其水溫越低萃取出的咖啡因越少，因此如果是對咖啡因敏感的人，荷蘭咖啡是十分值得推薦的好萃取方式。

使用咖啡包和冷水就能輕鬆享受到最溫順的味道，只要放進水瓶中，冰進冰箱2～3天就完成了。在附有過濾器的水瓶中裝入冷水浸泡的荷蘭咖啡，味道柔順且同時保留苦味。盛夏酷暑中不需忍受煮水的熱氣，來杯荷蘭咖啡吧。

用咖啡包製作美味的荷蘭咖啡

準備
5～6人份

泡麥茶用的長水瓶1個、裝有重烘焙咖啡粉的咖啡包1包、水1公升
（請避免使用自來水，使用淨水器處理過的水或市售礦泉水較佳）

❶ 水瓶中放入1個咖啡包

水瓶中裝入1公升的水，重烘焙咖啡豆研磨至中間粗細，裝入咖啡包袋中。咖啡包放入水瓶中，使咖啡包末端掛在瓶口外，再緊緊蓋上蓋子夾住咖啡包，讓咖啡包完全浸泡於水中。

❷放進冰箱冷藏2～3日

蓋上蓋子放進冰箱，大約「快要忘記的時候就完成了」。使用新鮮咖啡豆的話，咖啡包中會產生氣泡，這是二氧化碳氣泡，不用擔心。

❸ 完成

根據喜好在萃取出的咖啡液中加入水或牛奶稀釋後飲用。

Point

在家中自己填裝咖啡包時，購買重烘焙的咖啡豆，研磨至略細程度，裝入70g的咖啡粉至咖啡包中，再浸入水裡。萃取約需2～3天左右，即使經過這麼長時間的萃取，也不會產生雜味或酸味。

使用附有過濾器的水瓶泡出荷蘭咖啡

重烘焙咖啡豆（中研磨）80g、附有過濾器的水瓶、水1公升

❶ 準備裝有咖啡粉的過濾器

水倒入瓶中，水量大約在微微接觸到過濾器即可，在過濾器中裝進重烘焙的咖啡粉80g。裝有咖啡粉的過濾器微微浸在水中是重點。

❷ 注水

剩下的水稍微倒在過濾器上，浸濕全部咖啡粉，並注水至整個水瓶裝滿。水不倒滿的話無法充分浸泡出咖啡成分，因此請務必要注水到水瓶滿為止。

❸ 確實蓋好蓋子冷藏保存

水注滿後確實蓋好蓋子，放進冰箱冷藏
12～24小時。咖啡豆越新鮮，被水浸濕
就需要越多時間，如果咖啡粉浮起來可以
用湯匙輕輕下壓。

❹ 完成

萃取出的咖啡液可根據喜好加入水或牛奶
稀釋來喝。

浸泡時間決定荷蘭咖啡的味道

　　以下用咖啡包和帶有過濾裝置的水瓶萃取美味的荷蘭咖啡，兩種方法泡出的咖啡味道都很溫順，但味道各自不同。分別是用咖啡包泡荷蘭咖啡（萃取3日）、用HARIO製的水瓶萃取1天與8小時，三種作法的結果比較如下。

咖啡包泡荷蘭咖啡（萃取3日）

三種荷蘭咖啡中味道最溫醇順口，味道柔和所以可以喝下很多。

香氣：★★
柔和度：★★★★★
苦味：★

水瓶泡荷蘭咖啡（萃取1日）

香氣佳且柔和，味道清爽。

香氣：★★★
柔和度：★★★
苦味：★★★

水瓶泡荷蘭咖啡（萃取8小時）

相較之下萃取時間短，但咖啡整體味道鮮明，苦味的刺激會明確留在舌頭上。

香氣：★★★
柔和度：★
苦味：★★★★★

荷蘭咖啡的由來

　　Dutch的意思是「荷蘭人」、「荷蘭」。曾為荷蘭殖民地的印尼栽種獨特的羅布斯塔種咖啡，香氣和味道強烈。為了讓這種咖啡盡可能易於入口，荷蘭人研究出這種用冷水泡咖啡來喝的方法。想喝到美味的荷蘭咖啡不一定要用刺激性強的羅布斯塔種，用冷水浸泡咖啡反而比較適合用阿拉比卡種咖啡，而且一定要使用新鮮的豆子。

荷蘭咖啡專用萃取器的使用方法

　　上方玻璃容器中倒入經淨水處理的水，中間的容器放入咖啡，最下面放置盛裝咖啡萃取液的容器，水滴會從最上面的容器中以約2～3秒三滴的速度掉落。並維持這個狀態進行6～12小時的咖啡萃取。

　　萃取出的咖啡放進冰箱冷藏，要喝的時候加入水與冰塊調整濃度即可。喜歡牛奶的話，在濃郁的荷蘭咖啡液中加入牛奶與冰塊，做成歐蕾來喝也很棒。

義式
濃縮咖啡 | ESPRESSO

大大發揮咖啡豆能力的義式濃縮咖啡

義式濃縮咖啡（Espresso）的名字意指「快速萃取出的咖啡」。與手沖式不同，在20～30秒內就能萃取出咖啡的所有味道與香氣，因此需要高壓。使用蒸氣壓力方式萃取，靠水蒸氣的壓力讓水穿透咖啡，能高濃度地引出咖啡的美味及香氣。說義式濃縮咖啡是能引出最大咖啡能力者也不為過。因為萃取速度快，因此咖啡因的量偏低，咖啡濃郁，並會因壓力而產生「克力瑪」（Crema）泡沫。這種細緻的天然咖啡泡沫會讓義式濃縮咖啡的香氣持續下去。

義式濃縮咖啡是所有咖啡的基礎

包含一沖煮好就馬上喝的單品咖啡（straight coffee，由單一種類的咖啡豆烘焙而成的咖啡）在內，不管是卡布奇諾或拿鐵，甚至是有眾多調配法的風味咖啡（variation coffee，或花式咖啡）等，這些咖啡全都不能沒有義式濃縮咖啡。為了在家重現咖啡館或專賣店的味道，能否好好沖煮出一杯義式濃縮咖啡就是關鍵。美味的義式濃縮咖啡有獨特的香氣和鮮味，

甜味充滿口內，且有細緻的金黃色Crema泡沫。義式濃縮咖啡使用約90℃的水萃取，會萃取出一份（one shot，Espresso的單位）約70℃的微溫義式濃縮咖啡，為了不讓咖啡冷掉，需準備杯壁厚的杯子盛裝，並事先預熱好。

義式濃縮咖啡用豆子

　　通常使用重烘焙的豆子，比起單種咖啡豆，更常混豆後再萃取。咖啡在生豆烘焙的過程中會產生800多種揮發性香氣成分，表面還浮現咖啡油

脂。烘豆完一週後這些油脂成分會消失，香氣也飄散不見，因此請盡可能在還留有油脂與香氣時萃取咖啡。咖啡買來放了很久才要喝時，請檢查咖啡豆是否烘焙均勻，並選擇有排出空氣再封存包裝的豆子。

義式濃縮咖啡的烘焙度和研磨度

深城市烘焙｜最近幾乎不使用義式烘焙度（Italian），而主要使用烘焙度較淺的深城市烘焙，這是生豆本身品質提升而得出的結果。深城市烘焙的豆子有許多「香氣成分」，且產生的Crema也多，所以能沖煮出理想的味道及香氣。

細緻顆粒｜基本上雖然是細研磨，但太細也不行。一份義式濃縮咖啡大約萃取20～30秒，且須加減調整。咖啡粉顆粒越細，萃取的時間也越長。

義式濃縮咖啡機

　　家庭用的義式濃縮咖啡機，其構造及操作幾乎和營業用的機器一樣。
了解基本操作方式正是煮出一杯美味咖啡的第一步。

製作奶泡的蒸氣管

從蒸氣管中噴出的蒸氣能製
作出奶泡，用在卡布奇諾或
拿鐵上。

**調整至理想壓力的
壓力表**

須確認萃取時必備的蒸氣壓
力，通常為9氣壓。

**氣壓與熱水的出口：
沖煮頭**

萃取義式濃縮咖啡不可或缺
的壓力與熱水，沖煮頭為其
出口。

義式濃縮咖啡的萃取工具

玻璃shot杯

測量萃取出的義式濃縮咖啡量，one shot是1盎司（30ml）。準確測量容量是通往熟能生巧的捷徑。

填壓器

從上往下輕輕填壓沖煮把手內的咖啡粉，以家庭用的機器來說，有些是和機器一體成形的，也有分開獨立出來的。

奶泡鋼杯

以蒸氣管加熱牛奶打奶泡時使用。

沖煮把手

研磨好的咖啡粉填入沖煮把手末端的粉杯中，安裝至沖煮頭上卡好。

計時器

使用計時器精確地在20～30秒內萃取出一份義式濃縮咖啡。加減調整壓力與咖啡豆研磨度十分重要。

義式濃縮咖啡用語

義式濃縮咖啡
Espresso Shot

使用約8g咖啡粉填入沖煮把手粉杯中，以
水溫、壓力、填壓緊實度在約15～30秒
內萃取出的咖啡。one shot會有金黃色的
Crema泡沫及強烈風味，能感受到深邃的
醇度。shot在製作出來過5秒後香氣及風
味就會衰退。

單份義式濃縮咖啡
Espresso Solo

萃取出義式濃縮咖啡one shot的容量25～
30ml後裝在小咖啡杯（demitasse）
中。Solo為義大利文，相當於英文的
「single」之意。

雙倍義式濃縮咖啡
Doppio

Doppio與「Double」同義，指以單份
義式濃縮咖啡的濃度萃取出兩份（two
shot）義式濃縮咖啡，約50～60ml。

淡式義式濃縮咖啡
Lungo

Lungo為「拉長」之意，以單份義式濃縮
咖啡加40～50ml熱水萃取而成。

美式咖啡
Café Americano

沖煮得較淡的美國式咖啡。一份義式濃縮
咖啡倒入馬克杯中，倒入熱水混合後即成
為較淡且柔和的美式咖啡。

特濃義式濃縮咖啡
Ristretto

縮短義式濃縮咖啡的萃取時間，在短時間
內萃取出少量咖啡的方式。Ristretto的量
約在15～20ml。

Hammer head

以1：1的比例混合手沖咖啡與義式濃縮咖
啡而成，是相當美式的咖啡。

做出美味的義式濃縮咖啡

義式濃縮咖啡機、細研磨的深城市烘焙咖啡豆18g（double）

❶ 咖啡粉填入粉杯中

研磨細緻的義式濃縮用咖啡粉裝進粉杯，單份義式濃縮咖啡用的咖啡粉為8～9g。

❷ 整平粉杯表面

咖啡粉緊緊填滿粉杯，整平表面。

❸ 用力填壓

用力填壓粉杯中的咖啡粉，使其無縫隙地填滿粉杯。讓壓力或熱水均勻傳遞至整個咖啡粉，稱為「填壓」（tamping）。

④ 測量萃取時間

確認機器的壓力與水溫,測量萃取所需的時間。

⑤ 萃取20～30秒

一份義式濃縮咖啡理想的萃取時間為20～30秒,並根據合適的咖啡粉粗細增減時間,研磨得越細,萃取時間越長。

⑥ 滑順的Crema是關鍵

表面的Crema層必須要滑順才行,Crema是咖啡油脂中萃取出的天然咖啡泡泡,厚3～4mm左右最佳。義式濃縮咖啡豐富甜蜜的味道來自這層泡沫。

製作義式濃縮咖啡的關鍵要素

❶ 使用剛研磨好的咖啡

咖啡豆還是每次使用前再現磨比較好，與一次全部磨好再存放起來的味道及香氣完全不同。

❷ 咖啡粉填滿粉杯

粉杯分成單份及雙份，請依據各自的容量填入適量咖啡粉。

❸ 確實安裝好沖煮把手

沖煮把手如果沒有確實緊緊安裝至沖煮頭，就有壓力及熱水外洩的危險。

製作奶泡

　　牛奶加入義式濃縮咖啡可創造出各種咖啡的滋味。使用義式濃縮咖啡機的蒸氣管打奶泡，打得好的奶泡大小細緻，在口中的觸感滑順。在義式濃縮咖啡中倒入充分打好的奶泡就成了卡布奇諾，倒入稍加打熱的奶泡則成為拿鐵。只要奶泡的份量與起泡程度不同，就能成為新的咖啡，因此也要用心打奶泡，不可疏忽。

❶ 使用冷牛奶

為了打出好的奶泡，必須使用新鮮的冷牛奶與乾淨的奶泡鋼杯。在奶泡鋼杯中倒入冷牛奶，一杯卡布奇諾約需170ml牛奶。

❷ 空轉蒸氣管

使用前先打開蒸氣開關，排出蒸氣管中殘留的熱水。

❸ 牛奶中打入空氣

啟動蒸氣開關，使蒸氣管末端部分靠近牛
奶表面，噴入空氣（stretching）。蒸氣
管放入牛奶中太深的話，會產生極大噪
音，且只會加熱到牛奶；然而放置位置太
淺，則會打出粗大奶泡，牛奶也會四濺。

❹ 用手掌估測溫度

用手觸摸奶泡鋼杯，加熱至洗澡水的溫度
（約40℃）時，移動鋼杯使蒸氣管末端位
在牛奶的中間位置。

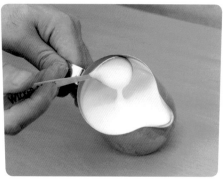

❺ 不要過度加熱

牛奶的理想溫度為65℃，再高的話會減損
風味。

❻ 完成

細緻滑順的奶泡完成。

製作奶泡的核心關鍵

❶ 以蒸氣打出細緻奶泡

蒸氣管末端靠近牛奶表面打入空氣,可以打出更加細緻的奶泡,這個動作稱為「stretching」。

❷ 注意不要被蒸氣燙傷

使用蒸氣打奶泡時,鍋爐內的溫度約有120℃,須多加留意不要被燙傷。

❸ 蒸氣管保持清潔

蒸氣管會直接浸泡至牛奶中,所以必須保持乾淨,使用後立刻以乾淨的布擦拭。

做出美味的卡布奇諾

卡布奇諾可以說是義大利的國民飲料，因為顏色和天主教修道服「Capuchin」顏色相似而得名。只要知道如何製作義式濃縮咖啡與奶泡，就能輕鬆享受到卡布奇諾。要是再精通用牛奶在卡布奇諾上拉花，即可算是厲害的咖啡師了。

為了防止卡布奇諾溫度變低，會同時採取兩項措施：在義式濃縮咖啡或牛奶冷掉前盡可能快速操作很重要，加上選擇保溫性高、較厚的陶瓷器就更理想了。

準備

雙份義式濃縮咖啡、奶泡

❶ 義式濃縮咖啡倒入杯中

義式濃縮咖啡與奶泡準備完畢後，先將義式濃縮咖啡倒入杯中。

❷ 從高處倒入牛奶

像是要讓奶泡潛入義式濃縮咖啡一般，從高處倒入奶泡。

❸ 奶泡鋼杯靠近杯子倒入奶泡

奶泡鋼杯慢慢地移動至靠近杯子的位置，在表面倒上奶泡。

拿鐵與咖啡歐蕾的差異

拿鐵（Latte）與咖啡歐蕾（Café au lait）指的都是放入牛奶的咖啡，差別只在前者是義大利文，後者是法語。不過法國的咖啡歐蕾使用的不是義式濃縮咖啡，而是在手沖咖啡中添加牛奶。

❹ 浮在表面上的圓

此步驟開始需要較高技巧。牛奶的落點靠近中心，暫時定住鋼杯後，在咖啡表面做出白色的圓。

❺ 從中間一直線切開圓

奶泡鋼杯中倒出細長的牛奶，移動牛奶注入的落點，使牛奶一直線切開浮在咖啡上的白色圓形。

❻ 完成愛心圖案

令人驚訝的愛心拉花出現了。在熟練畫出愛心拉花前，練習泡出美味咖啡也很重要。

花式咖啡 | ART COFFEE

風味與美麗，為咖啡增添趣味

以義式濃縮咖啡的發源地義大利為中心，花式咖啡傳向世界各地。近來有許多受過專業教育的咖啡師自行開設的咖啡館，或是美國體系的大型連鎖咖啡專賣店等，從這些咖啡廳誕生出各式各樣的咖啡設計，推出嶄新的菜單。

雖然花式咖啡的種類繁多，不過不必拘泥於繁複的規則，自由自在地沖泡咖啡吧。只要有義式濃縮咖啡機，幾乎就能做出所有花式咖啡。

為了做出一杯令人驚豔的咖啡，最重要的第一步就是製作義式濃縮咖啡。請注意，萃取義式濃縮咖啡時動作要迅速，咖啡的風味才不致散失。

基本花式咖啡

只要使用義式濃縮咖啡與牛奶，就能做出基本的花式咖啡。透過調整牛奶比例與打奶泡的方式，一起來試做以下四種咖啡吧。

拿鐵

義式濃縮咖啡倒入杯中，以蒸氣加熱牛奶，製作出表面有細緻氣泡的奶泡，再以1：3的比例小心倒入杯中。

材料：雙份義式濃縮咖啡、牛奶230ml

CAFÉ LATTE

卡布奇諾

與拿鐵的差異在於奶泡的狀態，重點是要用心打出兩倍左右的奶泡。輕輕融化在口中的味道是卡布奇諾的絕妙之處。義式濃縮咖啡：牛奶：奶泡的比例為1：3：3，在表面有著豐盛的奶泡。

材料：雙份義式濃縮咖啡、牛奶230ml

CAPPUCCINO

濃縮康寶藍

在1.5份義式濃縮咖啡上輕輕擠上打發鮮奶油的一款咖啡，隨著鮮奶油融化，咖啡的味道也會變得更加溫順。

材料：雙份義式濃縮咖啡、鮮奶油適量

ESPRESSO
CON PANNA

瑪奇朵

與拿鐵相比義式濃縮咖啡的香氣更強。在義式濃縮咖啡上稍微倒入奶泡，用像是畫點點般的方式放上奶泡。

材料：雙份義式濃縮咖啡、牛奶45ml

MACCHIATO

用糖漿與巧克力製作花式摩卡咖啡

在拿鐵中添加糖漿與巧克力者稱為「摩卡」，溫和甜蜜的味道特別受到女性喜愛。製作過程並不特別困難，訣竅是在倒入牛奶前，先在杯中倒入糖漿、巧克力與義式濃縮咖啡。糖漿與巧克力的組合能做出豐富多采的變化，感受到一杯華麗咖啡帶給人的享受。

白巧克力覆盆子摩卡

材料：

雙份義式濃縮咖啡、牛奶200ml、覆盆子糖漿1大匙、白巧克力醬1大匙

做法：

❶ 義式濃縮咖啡、白巧克力醬、覆盆子糖漿倒入杯中。

❷ 如製作拿鐵般倒入打出奶泡的熱牛奶。

WHITE CHOCOLATE RASPBERRY MOCA

WHITE MOCA

白摩卡

材料：

雙份義式濃縮咖啡、牛奶230ml、白巧克力醬1/2大匙、可可粉少許

做法：

❶ 放入義式濃縮咖啡與白巧克力醬。
❷ 如製作拿鐵般倒入打出奶泡的熱牛奶。

咖啡摩卡

材料：

雙份義式濃縮咖啡、牛奶230ml、巧克力醬1大匙、榛果糖漿1/2大匙、可可粉適量

做法：

❶ 放入義式濃縮咖啡、巧克力醬。
❷ 如製作拿鐵般倒入打出奶泡的熱牛奶。
❸ 依個人喜好撒上可可粉。

CAFE MOCA

CARAMEL HAZEL NUTS MOCA

焦糖榛果摩卡

材料：

雙份義式濃縮咖啡、可可粉少許、牛奶230ml、巧克力焦糖醬1/2大匙、榛果糖漿1/2大匙

做法：

❶ 放入義式濃縮咖啡、巧克力焦糖醬、榛果糖漿。
❷ 如製作拿鐵般倒入打出奶泡的熱牛奶。
❸ 依個人喜好撒上可可粉。

美妙多樣的花式咖啡世界

調整義式濃縮咖啡或更換牛奶，讓花式咖啡的世界更加多元美妙。

義式濃縮咖啡的苦味及咖啡因都強，但若用細緻的奶泡為咖啡戴上奶泡皇冠，就會變得比較柔和。

也可透過手搖做出特別的咖啡，除去冰塊與糖漿外，其實與義式濃縮咖啡是同樣的飲料，但透過手搖就產生雞尾酒般的氛圍，變身成別具特色的飲料。製作要點是仔細搖動混合均勻。

冰搖咖啡

視覺上十分時髦的咖啡，享受到喝雞尾酒般的氣氛。在冰搖咖啡的發源地義大利是人氣品項，義式濃縮咖啡的苦味也能爽快喝下。

材料：

雙份義式濃縮咖啡、手搖鋼杯7分滿的冰塊、糖漿2小匙

做法：

❶ 冰塊與糖漿放入手搖鋼杯中。

❷ 義式濃縮咖啡倒入手搖鋼杯中。

❸ 搖好的咖啡倒入玻璃杯，放上鋼杯中剩下的泡泡。

COZY LATTE

惬意拿鐵

KOZA西雅圖總店的自創品項，柳橙的清爽感
與榛果的豐富風味令人聯想到秋天的徐風。

材料：

雙份義式濃縮咖啡、焦糖醬1.5大匙、柳橙糖
漿1小匙、牛奶230ml、榛果糖漿適量

做法：

❶ 義式濃縮咖啡、焦糖醬、糖漿放入杯中。
❷ 如製作拿鐵般倒入打出奶泡的熱牛奶。

美式咖啡

保留義式濃縮咖啡的香氣，享受到純粹
的滋味。

材料：

雙份義式濃縮咖啡、熱水300ml

做法：

❶ 熱水倒入杯中。
❷ 萃取出的義式濃縮咖啡倒入裝有熱水
的杯中。

AMERICANO

SOY LATTE

豆漿拿鐵

使用豆漿製作，有益身體的拿鐵。既有義式濃
縮咖啡的餘味，也可在餘韻中感受到大豆的柔
和感。

材料：

雙份義式濃縮咖啡、豆漿230ml

做法：

❶ 製作義式濃縮咖啡，並加熱豆漿。
❷ 義式濃縮咖啡倒入杯中，再倒入豆漿。

用手沖咖啡製作花式咖啡

　　即使家中沒有義式濃縮咖啡機，也可以使用手沖咖啡來調製花式咖啡。只要利用一些概念，每天喝的咖啡就會變得非常特別，一起來幫平常喝的咖啡增加新鮮感吧。客人來的時候調出一杯美麗的咖啡招待，就能讓對方留下好印象。平時若想要享受一下不同氣氛，也可以自己設計花式咖啡，讓咖啡的世界更加寬闊。除了本書介紹的咖啡外，也可以試試使用水果及糖漿調出屬於自己的獨特咖啡。

MARSHMALLOW COFFEE

棉花糖咖啡

在美國最受歡迎的咖啡。棉花糖開始融化時最好喝，不加砂糖而是直接利用棉花糖的甜味。

材料：
咖啡120ml、棉花糖少許

做法：
❶ 以重烘焙的豆子沖煮咖啡。
❷ 在咖啡上放上棉花糖。

CAFÉ DE POMME

蘋果咖啡

加入白蘭地的咖啡稱為「白蘭地咖啡」，而這裡再加上蘋果。

材料：
咖啡120ml、蘋果切片、蘋果汁少許、白蘭地5ml

做法：
❶ 咖啡沖製成美式咖啡。
❷ 加入白蘭地與蘋果汁。
❸ 放上蘋果片。

CAFÉ MANDARINA

橘香咖啡

咖啡中加入富含維他命C的柳橙皮，以及能讓身體暖起來、生病時喝有益的肉桂，非常適合在冬季飲用。

材料：

咖啡120ml、打發鮮奶油30g、柳橙皮少許、肉桂棒1根

做法：

① 咖啡、柳橙皮、肉桂棒一起放入鍋子中，放到火上煮。

② 煮滾冒蒸氣時倒入杯中，擠上鮮奶油。

CAFÉ VALENCIA

瓦倫西亞咖啡

起源於西班牙瓦倫西亞地區的花式咖啡，加入當地特產：柑橘類水果。

材料：

咖啡60ml、檸檬皮少許、牛奶60ml、肉桂粉少許、柳橙利口酒10ml

做法：

① 熱牛奶中加入濃郁咖啡。

② 放入檸檬皮產生香氣，之後加入柳橙利口酒。

③ 依個人喜好撒上肉桂粉。

SPECIAL COFFEE ITEM
Homemade Coffee Life

CAFÉ DE CITRON

COFFEE AMARETTO

石榴檸香咖啡

紅石榴糖漿的風味與切片檸檬創造出清爽口感。

材料：

咖啡120ml、紅石榴糖漿15ml、切片檸檬1片

做法：

❶ 沖製美式咖啡。
❷ 添加紅石榴糖漿，放上檸檬切片。

亞瑪雷多咖啡

咖啡、蘭姆酒與杏仁三者合為一體，在口中拓展開來。酒精濃度高，注意不要喝太多。

材料：

咖啡120ml、杏仁粒少許、白蘭姆酒10ml、杏仁利口酒10ml

做法：

❶ 咖啡中混入白蘭姆酒、杏仁利口酒。
❷ 撒上少許杏仁粒。

咖啡
與文化

COFFEE AND CULTURE

7
咖啡的歷史

最初發現咖啡的人是誰？
發現咖啡的故事被當成傳說流傳下來，
最廣為人知的傳說是古代阿比西尼亞（現衣索比亞）的
牧羊人卡迪（Kaldi）發現了咖啡。
而另一個說法是13世紀葉門的伊斯蘭教修道僧
歐瑪（Sheikh Omar）發現的。

HISTORY OF COFFEE

咖啡的
過去與現在

PAST AND PRESENT
OF COFFEE

牧羊人卡迪與修道僧歐瑪

　　最初發現咖啡的人是誰？發現咖啡的故事作為傳說流傳後世，最廣為人知的傳說以古代阿比西尼亞（現衣索比亞）為舞台，牧羊人卡迪在某天發現了異常興奮的山羊，仔細觀察後，發現似乎是因為吃了灌木叢裡的紅色果實才這樣。卡迪告訴附近的伊斯蘭修道院這件事，並和修道僧一起試吃了果實，之後他們感到神清氣爽，幸福洋溢，活力十足。加上能趕走睡意，因此也有助於修道僧修行。

　　而另一個說法則起源於13世紀的葉門。伊斯蘭教修道僧歐瑪受到誣陷，遭放逐到摩卡港附近的俄薩姆山中。飢餓的歐瑪看到一隻鳥叼來紅色果實唧唧叫，就摘下果實回到洞穴。把果實拿來煮後，說不出的香氣飄散開來。喝下煮出的液體後，之前的疲勞也消失無蹤。歐瑪認為這紅色果實是真主阿拉的祝福，將果實送給病患，拯救了許多人。因為這些功績，歐瑪受推崇為「摩卡的聖者」。

　　這兩則故事中，衣索比亞說法的可信度較受到認可。也就是說，咖啡是從衣索比亞傳到阿拉伯的。

從藥品到飲品

世人從何時開始喝咖啡並沒有確切的紀錄，在正式的記載上，公元900年左右，波斯內科醫師拉季斯（Razes）的醫學書籍中首次有咖啡登場。書中描述熬煮咖啡種子讓患者喝下，發現有胃腸變好、醒腦及利尿效果。由此可知，咖啡當初並不是作為飲品，而是當作藥材為人所知。雖然書中也有提到加熱咖啡時產生的香氣，但當時尚不知道如何烘豆，因此是直接把咖啡果實拿去煮，可能當時並不像現在一樣重視咖啡的味道及香氣。咖啡後來成為飲品而非藥材，推測是從13世紀中葉開始。1470年左右，非洲阿比西尼亞高原到阿拉伯半島南部葉門地區的人們開始認識咖啡樹。此後阿拉伯人開始正式在葉門種植咖啡，以此為契機，喝咖啡的習慣在麥加與麥地那廣為流傳。當時禁止咖啡樹或咖啡豆流出國外，但透過前來朝拜的伊斯蘭教徒，咖啡開始漸漸地傳向世界各地。結論是，最初感受到烘豆時無可言喻的香氣，大約就是這個時期的伊斯蘭教徒無誤。

▲ 耶路撒冷的咖啡廳。

伊斯蘭支配的咖啡栽培與貿易

1505年左右，當時的奧圖曼土耳其帝國迎來最強大的全盛期，塞利姆一世在征服埃及後帶回了咖啡，1554年在君士坦丁堡（現在的伊斯坦堡）開了世界第一間咖啡屋（Coffee House）。當時的咖啡屋稱為「賢者

197

之校」，是舖有地毯、用高級裝飾品布置的店家，也是各行各業人士聚集的社交場所。有一段時間，伊斯蘭教的領導們也對咖啡的飲用意見分歧，認為咖啡違反了古蘭經的教律而禁止飲用。但咖啡已經融入生活中，教律無法抑制咖啡的盛行，結果禁止令也馬上就廢除了。

1615年，咖啡傳到義大利威尼斯。1616年從葉門的摩卡傳到荷蘭。這個時期咖啡產業及貿易均被伊斯蘭社會所掌握。1640年，荷蘭的貿易商首次進口咖啡，開始在阿姆斯特丹販售，到1663年時已演變為定期輸入摩卡咖啡。

伊斯蘭獨占結束與咖啡的傳播

咖啡栽種在葉門地區的伊斯蘭教寺院中，不能攜帶出國外。但結果還是發生了外流至國外的大事件。印度的伊斯蘭僧侶布丹（Baba Budan）在麥加聖地巡禮的路上藏起咖啡種子，後來帶回南印度邁索爾（Mysore）海岸成功栽培。這成了印度的咖啡樹原木，至今仍持續繁衍。因此，因咖啡而獲得巨大利益的伊斯蘭社會，從此也不再獨占市場了。

荷蘭從1658年起開始在錫蘭島上栽種咖啡。印度的咖啡樹移植到荷蘭的植物園，1696年傳播至荷蘭的殖民地：印尼爪哇島。荷蘭成功在

▲ 中東的咖啡屋。

爪哇島上大量生產咖啡，並將咖啡輸入至歐洲，獲得巨大利益。

1723年，法國海軍軍官德克里厄（Gabriel Mathieu de Clieu）開始在中南美洲栽種咖啡。他把從巴黎植物園帶出的咖啡樹樹苗運到法國屬地馬丁尼克島（Martinique），過程中還不惜節省自己要喝的水以進行搬運。透過這段漫長的過程，咖啡傳播至世界各地。

歐洲的咖啡文化「咖啡屋」

透過威尼斯商人，咖啡首次進入歐洲大陸。咖啡經由威尼斯港及馬賽港輸入，並逐漸形成歐洲的咖啡貿易網。而與伊斯蘭世界相同，這個時期的基督教世界也產生對飲用咖啡的宗教爭論，最重要的是，因為咖啡是敵對的伊斯蘭教產物。然而當時的教皇克勉八世（Clement VIII）祝福了咖啡，宣布咖啡就是真正基督徒在喝的飲料。

▲ 倫敦的咖啡屋一景。

1645年，義大利威尼斯開了歐洲最初的咖啡廳。英國則在1650年於牛津開了咖啡廳，這個時期歐洲帝國開始輸入咖啡，奧地利、法國、德國、瑞典等地的咖啡廳也如雨後春筍般出現。堪稱是咖啡文化在世界各地開花的時期。

咖啡廳作為商業場所，扮演新聞及資訊中心的角色。英國的勞伊茲咖啡廳（Lloyds Coffee House）後來甚至發展成為世界最大的保險公司之一

▲ 倫敦的勞伊茲咖啡廳。

「Lloyds of London」。

　　因為咖啡廳的緣故，英國不只喝飲料的習慣，連社會生活都產生很大變化。顧客喝著咖啡或茶，一邊看報紙，一邊熱烈地聊著八卦或最新消息等話題。只要僅僅一便士，就能享受到一杯熱騰騰的咖啡，還能享受到某種程度的教育及文化，因此咖啡廳又稱為「一便士大學」。在短時間內，咖啡廳成了歐洲欣欣向榮的社交場所，並成為日常生活不可或缺的要素。因為男人花太多時間在咖啡廳，所以咖啡被倫敦婦人抨擊為使精力衰退的飲料。查理二世曾認為咖啡廳是讓民主主義發芽的不良場所，而禁止咖啡。

「양탕국」（洋湯），韓國的咖啡

　　李氏朝鮮開化派政治人物俞吉濬在《西遊見聞》（1895）中記述了「我們像喝鍋巴水般喝著西洋人的咖啡。」這是韓國最初與咖啡相關的記載。

　　那麼韓國第一個享受到咖啡的人是誰呢？根據官方記載，1895年發生乙未事件（譯註：高宗三十二年〔1895〕，日本刺客闖進景福宮殺害明成皇后的事件），高宗皇帝與皇太子自1896年2月起住進俄國大使館（俄館播遷），並透過大使韋伯（Karl Ivanovich Waeber）接觸到咖啡。此後高

宗成了咖啡愛好者。當時服侍高宗喝咖啡的人當中，有一位社交界知名的德裔俄國女子崧塔（Sontag），1902年「Sontag飯店」在高宗的後院開張，裡頭開設了咖啡屋，這就是韓國最初的咖啡廳。Sontag飯店成為向一般大眾介紹咖啡的契機之一，然而這間飯店在日本侵占朝鮮後，於1918年關門歇業。

高宗回到德壽宮後，蓋了一棟名為「靜觀軒」的西式建築物，在這裡與外國使臣或大臣一起享用咖啡。在當時咖啡並沒有明確的名稱，因為是從西洋傳來的湯湯水水，因此叫做「洋湯」。

▲ 高宗享用咖啡的靜觀軒，首爾德壽宮。

韓國版咖啡廳：「茶房」

韓國人把咖啡廳稱為「茶房」，茶房一詞源自於高麗時代，因在宮中舉行宴會或接待使臣時會準備名為茶房的場所。

在Sontag飯店後，日本人開了名為「青木堂」的沙龍，1914年朝鮮飯店開張，成了喝咖啡的場所。最初由韓國人執業的咖啡廳，是1927年韓國第一位電影導演李慶孫開的「CACADEW」，地點在鐘路的貫勳洞。

1928年，電影演員卜惠淑在鐘路二街開了「維納斯」，1929年在YMCA附近開了「墨西哥」，劇作家柳致真在小公洞開了「布拉塔納

斯」。1932年，東京藝術大學畢業的雕刻家李順石在朝鮮飯店對面開了「樂浪」（parlour）茶房。1933年，天才詩人李箱也開了茶房「燕子」。在草創期，茶房主要是由藝術家們所設立。由電影人、畫家、文人、音樂家等親自經營的茶房，在首爾的明洞、鐘路、小公洞、忠武路一帶開了數十家之多。當時的茶房既是藝術界的溝通交流場所，也是詩人與小說家等作家協會的辦公室。

此後咖啡漸漸進入一般家庭，甚至在1930年11月9日的《每日申報》上，還刊載了一篇〈如果想飲用美味的咖啡〉的報導。對韓國人來說，咖啡是西洋產物的象徵。喝咖啡是件富都會感的時髦事，還能立即享受到新文化。

1960年代以後，經營者為老闆娘的社區型茶房開始普及，接著出現音樂茶房。在音樂茶房，DJ會播放大眾音樂與歌謠，或是像置身音樂鑑賞室般欣賞古典樂。當時的DJ享有不亞於藝人的高人氣，扮演著傳遞最新流行的角色。1970年代，明洞的「瑟堡」（Cherbourg）是音樂茶房的代表性地標，是象徵青春與浪漫的空間。在大學附近的街道也都開有音樂茶房。1980年代則流行咖啡專賣店，此後演變成今日的狀況：咖啡愛好者直接購買生豆來烘焙，並製作咖啡。

黃金比例綜合咖啡

在將咖啡推廣給一般大眾上，即溶咖啡扮演著重大角色。有一說，即溶咖啡最初是1889年，由紐西蘭人史詮（David Strang）所發明，並在1890年取得專利。也有一說，是1901年由美籍日裔科學家加藤サトリ（Kato Satori）發明的，並在展示會上販售，卻未取得商業成功。後來由

與美國開國元勳同名的喬治・華盛頓（George Washington）加以開發販售，才獲得市場上的成功。

　　在1950年的6.25戰爭（韓戰）中，即溶咖啡透過美軍PX（美軍福利社）登場。只要倒入熱水就會變成便利又好喝的即溶咖啡，引領了韓國的咖啡大眾化。1970年東西食品開始率先生產韓國最初的即溶咖啡，此後國產品牌「Maxwell House」出現，在1976年推出綜合即溶咖啡。

　　1978年隨著咖啡自動販賣機登場，咖啡成為韓國人最熟悉的飲料。韓國的綜合咖啡裡加了比例絕妙的砂糖及奶油粉，調和成甜蜜香濃的風味，緊緊抓住韓國人的味覺。

8

咖啡產地之旅

咖啡是全世界各民族歷史與文化的相遇。
擁有悠久傳統與歷史的咖啡，在最近數年間與新時代相遇，
各地區的農莊都生產個性獨具的高品質咖啡。
現在咖啡也像葡萄酒一樣，
進入會選擇產地或品種的時代了。

CAFE

COFFEE BEANS
IN THE WORLD

咖啡是全世界各民族歷史與文化的相遇。擁有悠久傳統與歷史的咖啡，在最近數年間與新時代相遇，各地區的農莊都生產個性獨具的高品質咖啡。現在咖啡也像葡萄酒一樣，進入會選擇產地或品種的時代了。讓我們一起到世界各地具代表性的咖啡產地來趟巡禮吧。

中南美洲 | LATIN AMERICA

巴西
BRAZIL

國名：巴西聯邦共和國
人口：約2042萬人
面積：8,514,877km²
首都：巴西利亞
語言：葡萄牙語
咖啡生產量：2,720,520噸

喜拉朵

Brasili

世界第一咖啡大國

說到咖啡，大家第一個都會先想到巴西。巴西是世界最大的咖啡生產國，隨著咖啡的消費大幅增加，成為美國之後的第二大咖啡消費國，超過德國與日本。巴西生產全世界咖啡約30%以上，其中50%則為國內自行消費。因此巴西的咖啡收成狀況會大幅影響咖啡價格。

巴西生產咖啡始於1727年，正式開始生產咖啡約在18世紀中葉。19世紀中期，則以里約熱內盧州或帕拉伊巴河（Paraíba do Sul River）流域為中心栽培，但隨著種植咖啡的中心地移動，到了1960年代初期，巴西產的咖啡有60%產自南部巴拉那州（Paraná）。

巴西生產的阿拉比卡種有波旁、蒙多諾沃、卡杜拉等。最普遍的精製加工方式為日曬，首先利用水的浮力根據比重挑選生豆，浮在水上的是未成熟的咖啡櫻桃，因此在不除去果肉的狀態下進行乾燥，沉在下面的咖啡櫻桃則進行除去果肉的程序。未熟豆會產生咖啡特有的澀味，因此在採收後用水以比重方式挑除，好提升咖啡豆的品質。

巴西幅員廣大，地理和氣候條件多元。南部的農園因連年霜害，因此從1970年代後半起遷至米納斯吉拉斯州（Minas Gerais）的喜拉朵（Cerrado）地區。喜拉朵地區發展出灌溉設備與機械化，有許多大規模農家，現在已成為巴西的代表性產地。巴西咖啡大多從聖保羅的聖多士港（Port of Santos）輸出，因此巴西啡咖也經常稱為「聖多士」。

〔香氣〕多樣品種合成的複雜香味

與中美洲產地的豆子相比，產地標高低，因此整體而言特徵是酸味少。品種的特徵重疊，產生複雜的香氣。苦味和酸味的均衡感極佳，也有鮮味。味道柔和且香氣撲鼻，因為酸味不強，初次接觸咖啡的人也能輕易接受。經常使用在混豆上。

〔品種〕國土廣大，因此有各式各樣的品種

阿拉比卡咖啡占生產量的85％，羅布斯塔系列的「柯尼龍」（Conilon）約占15％。在阿拉比卡種中，栽種有波旁與蒙多諾沃等品種，其中波旁種是從法屬幾內亞傳來的。也有將中果種（Canephora，即羅布斯塔）與阿拉比卡系列品種人工交配後的品種。

〔栽培〕在大規模農莊中進行機械農法

地形起伏小的大規模農園普遍使用機器採收，但最終還是要靠人力手工採收。巴西的手工採收使用成串剝離（stripping）的方式，果實與葉子還連在樹枝上時就一起摘下。

〔加工〕日曬法

巴西咖啡有90%使用日曬加工法，剩下的使用與日曬相比更能減少未熟豆含量的半日曬加工法。有些中間規模的農園會交叉使用這兩種方式，以提升品質。

〔乾燥〕大部分為自然乾燥

大部分放在水泥地上讓陽光乾燥，也會使用舖有網子的木板平台來曬。在生產量多的農園中，有部分會先乾燥後再使用烘乾機。而當直射的陽光太強時，也會製作遮陽棚再乾燥。

〔評價方式〕用香味判斷的五種味覺分類

咖啡的品質依豆子的大小、不良豆的缺點數及味道定出等級，細分咖啡。大小在17目（screen）以上屬於大的豆子，以300g生豆中含有瑕疵豆及異物的分數分類出口等級，並以味覺進行分類。香味的判斷依期望的香味分為下列五種：Strictly Soft（極為柔順）、Soft（柔順）、Softish（稍微柔順）、Hard（不順口）、Rioy（碘嗆味）等五種。

哥倫比亞
COLOMBIA

由小規模農場誕生出多樣風味與世界第三的生產力

　　哥倫比亞生產的咖啡占全世界約10%，有200萬人以上靠生產咖啡維生，占國內就業人口約四分之一，咖啡在國家經濟上扮演極重要的角色。哥倫比亞是繼巴西和越南之後世界第三名的咖啡生產國。不過與巴西相反，哥倫比亞的大規模農園很少。咖啡大多生產於中小規模的自營農場，由稱為「Cafetero」的咖啡農栽培。不過，從中小規模自營農場生產的咖啡品質反而可能更優秀。哥倫比亞咖啡農協會（Federacion Nacional de Cafeteros de Colombia，簡稱FNC）為了製作精品咖啡而推動專案，咖啡必須通過嚴格品質檢驗才能出口。

　　〔香氣〕本來哥倫比亞的特徵是甜味和明顯的醇度，但最近品種改良盛行，創造出各種味道的咖啡。在世界咖啡市場中，哥倫比亞咖啡被評價為高級咖啡，是溫和咖啡（Mild Coffee）的代名詞。咖啡豆大顆且帶綠色，長度大致上偏長。咖啡豆組織細密，能耐受重烘焙。

國名：哥倫比亞共和國
人口：約4673萬人
面積：1,138,910km²
首都：波哥大
語言：西班牙語
咖啡生產量：75萬噸

〔品種〕哥倫比亞栽培的品種大部分是阿拉比卡種。也有波旁、卡杜拉、鐵比卡、巨型象豆（Maragogype）等，哥倫比亞最高級的咖啡大多是鐵比卡與卡杜拉種。

〔栽培〕咖啡的主要生產地在哥倫比亞北部的安地斯山脈，該地區有肥沃的火山灰土壤、晴朗的陽光及全年均勻的降雨量，清澈溪流充分提供水洗加工必要的水資源，因此創造出許多香味傑出的咖啡。主要產地有麥德林（Medellín）、亞美尼亞（Armenia）、馬尼薩萊斯（Manizales）等地。

〔經濟〕哥倫比亞的咖啡使用水洗加工，不特別區分品質，以咖啡豆大小80％為17目以上的頂級（Supremo），以及17目以下的優秀（Excelso）進行出口。

巴拿馬
PANAMA

特殊環境孕育出有個性的高品質咖啡

巴拿馬近來公認是高品質咖啡的產地。巴拿馬咖啡被評價為高級咖啡，有著輕盈卻甜蜜的恰當酸味，均衡且深邃豐富的味道與香氣，但產量卻不多。

精品咖啡的主要產地位在國土西側，集中在與哥斯大黎加國土接壤的奇里基省（Provincia de Chiriquí）。奇里基省的博克特（Boquete）地區是巴拿馬咖啡歷史最悠久，也最有名的產地。博克特地區受霧氣圍繞，抑制了氣溫上升，這個特殊的環境造就優良的咖啡特色。博克特地區設有道路或經濟設施等基礎建設，也是人氣很高的觀光景點。

巴拿馬只生產阿拉比卡種咖啡，雖然也栽培鐵比卡種或波旁種，但卡杜拉種或卡杜艾種（Catuai）占了大半。最近藝伎種人氣漸高，巴拿馬栽

國名：巴拿馬共和國
人口：約365萬人
面積：75,420km²
首都：巴拿馬城
語言：西班牙語
咖啡生產量：5,700噸

培藝伎種的生產者也增加了。隨著藝伎種人氣提升，巴拿馬受到全世界的矚目。

使用傳統的水洗加工，乾燥以自然乾燥法最為普遍。

〔香味〕中度醇厚口感與獨特香味是其特色

地理上，巴拿馬與哥斯大黎加、哥倫比亞等國為鄰，咖啡香氣卻很獨特。優良農園生產的鐵比卡種酸味明確，帶有纖細香氣。特徵是適中的醇度。

哥斯大黎加共和國
COSTA RICA

優質的環保咖啡生產國

北邊接壤尼加拉瓜，南邊與巴拿馬相鄰，東邊面向加勒比海，西邊被太平洋環繞。哥斯大黎加主要生產的咖啡品種為阿拉比卡種，其中卡杜拉或卡杜艾等對病蟲害耐受力強的品種占了八成以上。因為栽培密度高，所以特徵是遮蔭樹（shadow tree）極少。海拔高的山地種植卡杜拉種，較低的山地種植卡杜艾種。

哥斯大黎加以注重環保防止公害的咖啡生產國聞名於世。生產咖啡時，採用以環境為優先考量的加工方式。將水回收利用並裝設淨化裝置，除去果肉時水不會直接排入河川中。剝除下的果肉還會做成有機肥料，或是將脫落的咖啡櫻桃外果皮作為乾燥機的燃料等，徹底執行各種環境保護政策。

國名：哥斯大黎加共和國
人口：約481萬人
面積：51,100km²
首都：聖荷西
語言：西班牙語
咖啡生產量：90,480噸

　　哥斯大黎加的小規模農家多，合作組織發達，也有地方從加工精製到輸出都是以合作社為單位進行。哥斯大黎加咖啡協會（ICAFE）由政府代表、生產者、加工業者組成，管理從生產到輸出的一切過程，並開拓出口市場，支援生產者，策畫改善栽培法，使農民能安穩生產高品質的生豆。

〔香味〕醇度與酸味平衡依據海拔而改變

　　海拔高的山地酸味強烈，醇度分明，海拔越低味道越趨平順。太平洋側地區的咖啡醇度分明，中部特雷斯里奧斯地區（Tres Rios）生產的咖啡酸味柔和，醇度均衡佳。整體而言香味的個性較弱，但很安定。

瓜地馬拉
GUATEMALA

安地瓜

Guatemala City

國名：瓜地馬拉共和國　人口：約1491萬人　面積：108,889km²
首都：瓜地馬拉市　語言：西班牙語　咖啡生產量：21萬噸

以安地瓜咖啡之姿引領初期精品咖啡市場

　　瓜地馬拉是遠古馬雅文明興盛地。從大規模農莊到小規模農園都有，有各式各樣咖啡農家，也不乏歷史悠久者。1750年代耶穌會神父帶來咖啡，1821年從西班牙獨立出來後，靠著德國移民正式開始栽種咖啡。瓜地馬拉帶動2000至04年初期精品咖啡市場，當時單一莊園的生豆最為流通。

　　地理環境上有大西洋、太平洋、平原、高山地帶等，呈現出極為多元的氣候分布，每個農莊都活用不同的栽培環境種植咖啡。品種上大多為阿拉比卡種，波旁種也很多。也有種植矮小的卡杜拉種或卡杜艾種，最近帕卡瑪拉種也增加了。

　　海拔高的地區產出酸味與刺激豐富的咖啡，獲得高評價，但低地地區的咖啡在酸味及醇度上都獲得低評價，因此產地正漸漸往高地移動。高地與低地的收穫時期不同。1月至3月為開花期，低地的收穫期約從9月開始。越是高地地區收穫期就越晚，可持續採收到4月為止。加工方式大部分為水洗，並在水泥地、磁磚地或磚頭地上用陽光乾燥。

〔香味〕瓜地馬拉在地理上呈現多元特色，因此根據咖啡產地的不同，其香氣也各異。代表性產地為安地瓜地區，因海拔高，所以產出酸味明亮且醇度分明的咖啡。

薩爾瓦多
EL SALVADOR

San Salvador

國名：薩爾瓦多共和國　人口：約614萬人　面積：21,041km²
首都：聖薩爾瓦多　語言：西班牙語　咖啡生產量：40,800噸

受到矚目的突變雜交帕卡瑪拉種

　　薩爾瓦多為熱帶性氣候，雨季和乾季每半年交替一次。火山多，咖啡大部分種植在火山丘陵地上。薩爾瓦多種植的咖啡品種特殊，是波旁種突變來的帕卡斯種。帕卡斯種與巨型象豆種交配後，產生豆型大顆的帕卡瑪拉種（Pacamara），帶有跟鐵比卡種相似的乾淨酸味及香氣，因此最近受到大幅關注。薩爾瓦多也以海拔高度決定咖啡生豆等級，最高從超過1200公尺的SHG等級（Strictly High Grown），到500～900公尺的CS等級（Central Standard）都有。

〔香味〕柔和酸味與巧克力般的醇度

　　雖然波旁種的產量最多，但與瓜地馬拉的安地瓜等相比酸味不強。比起酸味，薩爾瓦多咖啡更大的特色是巧克力般的醇度。帕卡瑪拉種的刺激雖弱，但鐵比卡種等品種則有乾淨俐落的酸味。

牙買加
JAMAICA

嚴格管理下栽培流通的藍山咖啡名門

「咖啡之王」藍山咖啡的生產國。1800年，英國人在熱帶雨林茂密生長的藍山地區建立咖啡農園，採收的咖啡品質在當時評價就很高。漸漸地附近的農家也開始栽種咖啡，最後傳播到克拉伊斯蒂地區。藍山山脈的高地地區特有的溫和氣候，整年平均的降雨量與排水良好的肥沃土壤等，形成栽培咖啡的理想環境。特別是整年繚繞的霧氣阻絕強烈的陽光，讓咖啡櫻桃能慢慢成熟，生產出高品質的咖啡。

1953年，牙買加政府為了管理咖啡品質，創立了牙買加咖啡工業局（Coffee Industry Board，簡稱CIB）。CIB以特定地區定義咖啡名稱並建立品牌，為全球創舉，這個品牌正是藍山咖啡。從牙買加出口的咖啡全都受到CIB管理，其中藍山咖啡的定義非常嚴格。只有「栽種於法律指定的藍山地區〔海拔1000～1250公尺〕，並在法律指定的精製工廠進行加工處理的咖啡」，才能得到「藍山咖啡」的稱號。

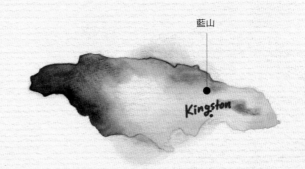

藍山

國名：牙買加
人口：約295萬人
面積：10,991km²
首都：京斯敦
語言：英語
咖啡生產量：1,200噸

Kingston

藍山咖啡由咖啡豆的大小與瑕疵豆數決定等級。以70g為單位，顆粒大小在17～18目以上為1級，16～17目以上為2級，15～16目以上為3級等，依此方式進行分類，瑕疵豆的數量最多不能超過3％。稱作Jablum的JBM是由藍山咖啡烘焙出的咖啡豆，在嚴格管理之下生產出的咖啡，最大出口國是日本。

加勒比海的各個島上換成栽種卡杜拉種，但牙買加地區大多栽培鐵比卡種。1～4月開花，8～9月收成。

〔香味〕柔和且均衡的甜蜜香氣

藍山咖啡的咖啡豆顆粒大，表面平滑，顏色鮮明。咖啡的香氣既強烈又朦朧，因此即使萃取得較濃郁，味道仍然柔和。高品質的藍山咖啡酸味弱，刺激少，雖然無法承受重烘焙，但會產生天鵝絨般滑順的味道。適合中度烘焙。

多明尼加
DOMINICA

國名：多明尼加共和國
人口：約1034萬人
面積：48,670km²
首都：聖多明哥
語言：西班牙語
咖啡生產量：24,000噸

奇保

Santo
Domingo

巴拉奧納

以加勒比海高山地區生產的柔和香味聞名

加勒比海諸島有多明尼加、牙買加、古巴、海地等知名咖啡產地。加勒比海咖啡的特色是清澈明亮的味道及香氣。醇度不重，輕盈、柔和且清爽。主要產地是位在中央山脈的奇保（Cibao），以及加勒比海旁的巴拉奧納（Barahona）。奇保有許多大規模的農園，巴拉奧納地區則多小規模農家，且種植鐵比卡種的比例高。多明尼加咖啡在分等級時，產地比規格更重要。雖然也有AA、AB等依咖啡豆大小訂定的等級，但奇保與巴拉奧納的高山地帶咖啡本身就以高品質聞名。兩地都在2～5月間採收，以水洗式加工精製。

〔香味〕根據地區不同有兩種特色

主要產地巴拉奧納的鐵比卡種系列特徵為香味柔和。位在中央山地的奇保，其高山地區的咖啡相對而言醇度厚重。

CAFE

非洲·中東地區

AFRICA & MIDDLE EAST

衣索比亞
ETHIOPIA

國名：衣索比亞聯邦民主共和國
人口：約9663萬人
面積：1,104,300km²
首都：阿迪斯阿貝巴
語言：阿姆哈拉語
咖啡生產量：397,500噸

Addis Ababa

耶加雪菲

阿拉比卡種的原產地

衣索比亞是阿拉比卡種的原產地，也是最悠久的咖啡消費國。衣索比亞固有的野生品種咖啡有3500種以上，從這豐富的遺傳特性中選出的咖啡，現正栽培於衣索比亞國內。咖啡在經濟上也扮演極重要的角色，因此有1500萬人，相當於衣索比亞人口的20%，都在從事咖啡產業，且咖啡是衣索比亞最大的出口項目，占總出口量的35～40%，是名副其實的咖啡大國。而與非洲的其他咖啡生產國不同，衣索比亞的國民也有喝咖啡的習慣，因此生產出的咖啡30～40%都由國內消費。

首都阿迪斯阿貝巴的咖啡出口業者開始在耶加雪菲（Yirgacheffe）的艾迪多（Idido）地區製造高品質咖啡。經過一連串的實驗與失敗後，終於創造出高品質的咖啡，稱為「霧谷」（Misty Valley），在英國一帶得到極高評價。霧谷的登場帶給全球精品咖啡市場不小衝擊。

在加工上，傳統上以日曬法為主流，占70～80％，但能提高出口單價的水洗加工使用率也在增加。在等級上，以300g咖啡中瑕疵豆的個數及杯測結果評價咖啡等級，但更重視杯測品質。1級（Grade 1）為最高級，出口規格從1級到5級（Grade 5）都有。

〔香味〕在全球享有高人氣的有個性香氣

衣索比亞咖啡的香氣擁有獨特個性。耶加雪菲是高品質的日曬咖啡，香氣會讓人聯想到水蜜桃或杏桃，且醇度豐富，因此在全球享有高人氣。此外，西達摩（Sidamo）、利姆（Limu）等水洗咖啡也很有名。

坦尚尼亞
TANZANIA

Dodoma

國名：坦尚尼亞聯邦民主共和國
人口：約49,639,138人
面積：947,300km²
首都：杜篤瑪
語言：斯瓦希里語、英語
咖啡生產量：61,800噸

不同地區種植不同品種

　　坦尚尼亞的咖啡生產者95%為小規模農家，約有40萬戶，平均每戶的農地面積為1～2公頃。剩下的5%為農園所生產。坦尚尼亞的咖啡產地分散遍布於國土周邊。東北部與南部大多生產波旁種與肯特種（Kent），與主要生產羅布斯塔種的西部地區栽培環境大不相同。坦尚尼亞生產的咖啡大部分為出口用，比起咖啡，國民更喜歡喝紅茶。坦尚尼亞按照顆粒大小區分咖啡等級，AA級的咖啡須滿足以下條件：顆粒大小18目以上，帶有青綠色，破裂豆在2%以下，黑豆數為0。

〔香味〕均衡感極佳的東北部農園生產的咖啡十分高級

　　東北部農園的波旁種特徵為酸味和醇度的平衡感絕妙，香氣也佳。肯特種的酸味少，略帶重量感。

肯亞
KENYA

品種、加工、流通都十分洗練的咖啡最前線

　　肯亞是阿拉比卡種原產國衣索比亞的鄰國，於19世紀末開始栽植咖啡。最初由基督教傳教士帶來咖啡種子進行栽培，種植量漸漸增加，在第二次世界大戰後改由原住民栽種。肯亞60％的咖啡由70多萬戶小規模農家，以及4千多個農園生產。首都奈洛比東北部到西北部的肯亞山周邊，以及阿伯德爾山（Mt. Aberdare）周邊為最大產地。栽培的主力品種為SL28與SL34，帶有精采香氣，是從波旁種中選出的品種。肯亞以人工方式手工採收，使用水洗式加工，並依據豆子顆粒大小決定等級。咖啡豆大小17目以上為AA級，15～16目為AB級。也有依生豆及咖啡豆外觀、萃取的咖啡品質評定等級的方式。

　　1970年代至1980年代中期，咖啡占肯亞出口額的40％以上，影響經濟甚鉅，但2011年該比例掉到剩4％左右。雖然咖啡的出口比例減少，但肯亞擁有適合栽培咖啡的環境，並且因品種改良及洗練的加工，肯亞咖啡的品質在全世界依舊受到高評價。在全球精品咖啡市場上是重要國家，不曾改變。

國名：肯亞共和國
人口：約4501萬人
面積：580,367km²
首都：奈洛比
語言：斯瓦希里語、英語
咖啡生產量：51,000噸

　　在肯亞的首都奈洛比，每週二會進行咖啡拍賣，有執照的出口業者可以參加拍賣角逐。雖然在放寬規定後，不用經過拍賣也可以進行咖啡買賣，但現在大部分仍透過拍賣來交易。拍賣有助於提升咖啡的品質，由比利時的跨國公司出資、當地法人SOCFINAF經營的9個農園，在精品咖啡市場上享有全球性的高評價，美國等許多先進國的貿易商也很關注，AA級生豆往往以高價得標。

〔香味〕令人聯想到柑橘或葡萄酒的強烈酸味與香氣

　　肯亞咖啡有複雜酸味與均衡醇度，讓人聯想到柑橘和葡萄酒。基本上酸味強烈，醇度鮮明。

盧安達
RWANDA

新受矚目的高品質咖啡生產國

　　盧安達在殖民地時期，因獲取外匯的政策，每個農家都要義務栽種70棵咖啡樹，這是盧安達咖啡栽培史的開端。盧安達至今仍沒有大規模的農家，而是由高達50萬戶的小規模農家栽培咖啡，平均每戶農家種植200棵咖啡樹。這些小規模農家位在海拔1500～2000公尺的高地地區，在火山灰土壤上使用自然栽培法種植咖啡，不使用農藥或有機肥料。在咖啡生產的品質或產量上，咖啡農業合作社體系使盧安達咖啡有了革新發展。2007年，該合作社被認為是東非最佳咖啡協會，與雇用農業勞動者經營大規模農場的跨國企業不同，而是讓居民成為合作社社員並加以投資，根據產量與耕地大小分配收入。

國名：盧安達共和國
人口：約1233萬人
面積：26,338km²
首都：吉佳利
語言：盧安達語、法語、英語
咖啡生產量：15,480噸

　　各農家採收下的咖啡櫻桃運往鄰近的精製工廠精心加工，生產出品質優良的生豆。1990年代被評為2級咖啡的盧安達咖啡，近來在咖啡品質競賽Cup of Excellence（簡稱COE）中進入前五名。2008年也加入由巴西、哥斯大黎加、哥倫比亞等咖啡名產地組成的COE主辦國名單中。

〔香味〕明亮柔和的香氣

　　盧安達咖啡為顆粒小的波旁種，特色是香氣柔和明亮。品質好的咖啡有櫻桃般的香味，與衣索比亞水洗咖啡相似。

葉門
YEMEN

哈拉齊

國名：葉門共和國
人口：約2605萬人
面積：527,968km²
首都：沙那
語言：阿拉伯語
咖啡生產量：11,100噸

生產高級生豆的咖啡源頭

　　與衣索比亞並列為咖啡的源頭，首都沙那（Sanaa）附近的哈拉齊（Harazi）、瑪他力（Mattari）、海密（Haima）地區皆為知名高級生豆產地。高級出口商品咖啡在此處以手工方式採收，咖啡業者也將這個地區的咖啡合稱為「山娜妮」（Sanani）。在葉門，有稱為「Wadi」的沙漠谷地農園，以及峽谷四周階梯形的農田，海拔2200公尺的高地地帶是生產高級出口豆的最佳環境。使用日曬法加工，於民宅屋頂上曝曬咖啡櫻桃一週左右使其乾燥。以半乾燥的狀態進行保存與流通，山地或首都沙那近郊的氣候涼爽，乾燥時不會發霉。瑪他力、伊斯邁（Ismail）、哈拉齊等地的高級咖啡十分有名。葉門咖啡顆粒小且圓，傑出的酸味有獨特的果香，強烈醇度與鮮味交織，個性鮮明。乾燥後的咖啡櫻桃外皮、果肉在葉門稱為「Kshir」，作為製作飲料用的物品進行販售。與衣索比亞不同，葉門沒有喝咖啡的習慣，因為葉門人喜歡把Kshir與生薑等一起煮成名為「Kahawa」的飲料。

亞洲・太平洋地區 | ASIA-PACIFIC REGION

印尼
INDONESIA

國名：印度尼西亞共和國　人口：約2億5360萬人　面積：1,904,569km²
首都：雅加達　語言：印尼語　咖啡生產量：561,000噸

蘇拉威西島

Jakarta

蘇門答臘島

迷人的曼特寧咖啡的起源

　　荷蘭在過去的殖民地印尼建立了咖啡農場，將生產出的咖啡運送至本國以累積財富。1696年，荷蘭人從印度移植咖啡樹至爪哇島，但1877年錫

蘭發生葉銹病而枯死。葉銹病會使咖啡葉產生斑點，無法進行光合作用，2～3年咖啡樹就會枯死。這種咖啡樹病蟲害傳到印尼後，使大部分阿拉比卡種滅亡。因此為了取代阿拉比卡種，於20世紀初引進對病蟲害抵抗力強的羅布斯塔種。

在世界第4大的咖啡生產國印尼，海拔1000公尺以上地區生產的咖啡中，現在阿拉比卡種的數量不會超過全體10%。其中為精品咖啡的有蘇門答臘的林東（Lintong）、亞齊的曼特寧、蘇拉威西（Sulawesi）的托拿加（Toraja）。蘇門答臘島的咖啡產量占全印尼的75%，知名產地有林東或亞齊地區。我們經常喝到的「曼特寧」，指的就是「蘇門答臘島北部生產的阿拉比卡種咖啡」，之前是由曼特寧族進行栽培。蘇拉威西島與爪哇島上羅布斯塔種多，由國營農場與民間大規模農場栽培。

印尼以300g生豆為基準，計算瑕疵數後決定咖啡等級。缺點分數高，等級就低，最高級為1級（G1），扣分須在11分以下，再來則依扣分的分數增加往下評為2、3級。

大部分使用日曬法加工，水洗加工約占5%左右。蘇門達臘因乾燥場少，降雨量多，因此為了盡快讓咖啡櫻桃乾燥，使用名為蘇門答臘式的加工方式。

〔香味〕華麗的曼特寧與柔和的托拿加

蘇門答臘島原生的曼特寧有著美妙鮮味，由多種要素融合成的複雜香氣，使人聯想到香草、香辛料或水果。但Catimor種（雜交種）曼特寧則有重量感與混濁感。蘇拉威西島的托拿加個性沒有曼特寧那麼強，特色是滑順柔和的香味。

東帝汶
EAST TIMOR

國名：東帝汶民主共和國
人口：約121萬人
面積：14,874km²
首都：狄力
語言：德頓語、葡萄牙語

度過戰亂躋身有機咖啡產地

　　東帝汶曾是葡萄牙的殖民地，1815年從巴西引進咖啡開始栽種。此後因與印尼合併以及內戰影響，產地毀損，咖啡栽培大受打擊。2002年獨立後，雖然政治持續動盪，但受到世界各國的援助，栽培技術與品質得到提升，漸漸恢復為咖啡產地。因戰亂而荒廢的產地受到美國、葡萄牙、日本等各國的支援，慢慢恢復咖啡的生產，目前正致力於有機咖啡的生產與認證。海拔1000公尺以下為羅布斯塔種，1000公尺以上種植阿拉比卡種。5～7月為收穫高峰期。

〔香味〕明亮酸味與柔和香氣

　　鐵比卡系列的乾淨咖啡豆，帶有明亮酸味與柔和香氣。最近開始使用有機肥料，但基本上還是自然栽培。

夏威夷
HAWAII

受到全世界喜愛的科納咖啡

科納（Kona）咖啡是夏威夷本島西部霍盧阿洛阿（Holualoa）、庫克船長村（Captain Cook）、霍那吾那吾（Honaunau）地區栽培的精品咖啡。特徵是無混濁感，味道乾淨。科納徹底執行一顆一顆用手摘取的採收作業，以濕式加工生產鐵比卡種咖啡豆。1982年隨著瓜地馬拉的鐵比卡種進入科納地區，夏威夷開始種植鐵比卡種。考艾島、茂宜島上也有栽種，但最有名的還是夏威夷的科納咖啡。

科納地區的海拔只有600公尺左右，但因為是海洋性氣候，所以與中美洲1200公尺左右的氣候條件相似。降雨規律，有雲朵作為天然遮陰棚，火山土壤排水良好，加上太平洋有適當的氣溫調節效果，因此雖然在相對較低的地方耕作，卻能生產出與高地相同的高品質咖啡。

夏威夷的出口規定很嚴格，等級由顆粒大小與減分數決定，等級之外的咖啡以及水分含量超過12%的咖啡全都不能出口。分為顆粒大小19目且不良率低的Extra Fancy（特好）、顆粒大小18目的Fancy（好），以及不

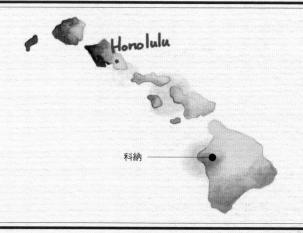

國名：美利堅合眾國
人口：約18萬人
面積：10,458km²
首都：檀香山
語言：英語

科納

分大小的Prime，最高級的Extra Fancy等級咖啡就連在當地也難以買到。
而公豆會以與Extra Fancy相同的價格販售。

　　最近正從水洗式加工轉換為半水洗，雖然也經常使用陽光曝曬，但大
規模的農園會使用乾燥機。

　　在夏威夷的咖啡農莊中，格林威爾農場（Greenwell Farms）特別受
到矚目。這裡的第一代農莊主人是1850年從英國移民來的亨利‧尼可拉
斯‧格林威爾（Henry Nicholas Greenwell），經過40年漫長歲月後，此
地成為歷史悠久的科納地區咖啡農園，也成了知名觀光景點。

〔香味〕乾淨顆粒帶有甜蜜柔和香氣

　　以高級品著稱的科納咖啡是世界級的人氣商品。甜蜜的香氣令人聯想
到草地或樹木，柑橘系果實酸味帶來的柔和感為其特徵，凸顯出毫無一絲
混濁感的乾淨口感。

9

有趣的
咖啡常識

只有非洲和台灣才有猴子咖啡？
咖啡除了能解宿醉外，還能保護肝功能？
德國作曲家巴哈曾是咖啡愛好者？知道更多咖啡故事，
喝起來也會別有一番滋味。以下介紹與咖啡有關的小故事，
以及了解會更好的咖啡常識。

COFFEE STORIES

不可不知的咖啡常識 | COFFEE COMMON SENSE

❶ 咖啡樹上看得到的新鮮顏色變化

在樹苗狀態下有茂盛的綠色葉子，過了3年左右會開出白色的花，農園彷彿被白雪覆蓋一般，因此稱為「雪花」（snow blossom）。花朵在3天內就會凋零，綠色的橢圓形果實開始探出頭來。果實從綠色轉為黃色，完全成熟則會變成像櫻桃般的紅色，所以咖啡果實又稱為「咖啡櫻桃」。

❷ 咖啡生產國的人民也喜歡喝咖啡嗎？

高級豆是經過精密挑選，除去瑕疵豆後出口海外的生豆。除了衣索比亞有40%的產量為本國自行消費以外，大部分的咖啡生產國多是將咖啡出口海外賺錢。即使要喝，也是喝比出口用的豆子等級低的咖啡。隨著公平貿易的進行，生產者與勞動者的權益得以提升，但是咖啡生產者仍舊面臨經濟上的困難，喝咖啡是消費國人民才有的享受。

❸ 用手工採收咖啡果實的理由

一根樹枝上結出的眾多咖啡果實成熟速度各異，為了生產高品質的咖

啡，必須只挑選鮮紅成熟的果實採收，不混入未熟的綠色果實，因此手工採收是必要的，而挑選採收完全成熟的果實則非常費工。其中也有果園將樹枝上結的果實一次全部採收下來。

❹ 生豆可以直接吃嗎？

也許有人咀嚼生豆時能感受到香味並覺得美味，生豆的咖啡因成分又更多些。不過咖啡是經過烘焙才成為咖啡豆的型態，也才會呈現咖啡的味道及香氣。剛烘好的咖啡豆刺激性強，不熟悉咖啡的人或孩童不要食用較佳。

❺ 有機咖啡是什麼？

指不使用農藥和化學肥料的無農藥有機栽培咖啡。現在咖啡產業十分重視國際標準與生態環境，越來越多咖啡館販賣對身體好的有機咖啡，或是選擇使用體恤產地的公平貿易豆。

❻ 咖啡樹是纖細的樹嗎？

咖啡樹是茜草科的常綠喬木，生長於平均氣溫20℃以上的熱帶和亞熱帶溫暖氣候和降雨量安定的地區。播種40～60天後發芽，到能採收咖啡豆需經過5年的生長。對寒冷或霜害、乾燥的抵抗力弱，是纖細敏感的樹木。

❼ 咖啡櫻桃裡有兩顆咖啡豆

採收下的咖啡櫻桃還是果實狀態，咖啡豆指的是果實中的種子。通常一顆果實會有兩顆種子，採收下來進行加工處理，將種子從果實中分離出來，這項作業稱為精製。精製方法有日曬、半日曬、水洗、半水洗、蜜處理，分離出的種子即為生豆。

237

❽ 種植咖啡會損害周圍的樹嗎？

咖啡樹對陽光較敏感，因此會種在有香蕉樹等較高大樹木的地方。這些用來遮陽的高大樹木稱為「遮蔭樹」（shadow tree），也有農場專門種這些樹。近來種植咖啡十分重視遵守社會和環境政策。

❾ 咖啡豆產量前十大國

第1名巴西、第2名越南、第3名哥倫比亞、第4名印尼、第5名墨西哥、第6名印度、第7名衣索比亞、第8名祕魯、第9名瓜地馬拉、第10名宏都拉斯。第2名的越南生產主要用於製作即溶咖啡的羅布斯塔種。巴西的產量占了全世界的30%以上，每年的咖啡價格都會依巴西的產量而大幅變動。

❿ 該去怎樣的店家買咖啡豆？

確認販賣咖啡豆的店家是否有認真保管咖啡豆十分重要。咖啡要避免接觸氧氣和濕氣而受潮，因此必須確認是否存放於密閉容器中。請避開去把裝咖啡豆的罐子放在光線直射處的店家。高人氣的店家商品周轉率高，較易買到新鮮豆子。

⓫ 表面包覆油脂的咖啡豆是放了很久的豆子嗎？

不一定是放了很久的咖啡豆。烘豆時豆子會膨脹裂開，本來含有的油脂成分浮現至表面，使表面產生油光，烘焙度越重越容易產生此現象。總之，去販賣高品質咖啡豆的店家購買較佳。

⓬ 猴子咖啡有兩種

在非洲有種猴子咖啡，是從猴子排泄物中採集出的珍貴咖啡豆，因數量

稀少而售價昂貴。在台灣也有高價的猴子咖啡，台灣的猴子是將咖啡果實放入口中咀嚼後吐出種子，再烘焙製成咖啡豆，因為沒有經過消化器官排出，因此並未發酵。兩種都是價格非常昂貴的咖啡。

⑬ 夢幻逸品麝香貓咖啡

在印尼的咖啡莊園中，麝香貓會吃掉成熟的咖啡果實，但種子未消化就排泄出來。蒐集這些種子洗淨烘焙出的咖啡豆，就是「Kopi Luwak」（麝香貓咖啡，或稱貓屎咖啡）」，因數量稀少而價格昂貴。菲律賓或南印度則稱麝香貓咖啡為「Kape Alamid」。麝香貓會分泌出帶有獨特香氣的分泌物，成了麝香貓咖啡的特色。

▲ 麝香貓咖啡。

⑭ 位於咖啡帶之外的韓國產咖啡豆

韓國的濟州島與江陵兩處有咖啡農場。2008年，濟洲咖啡農場率先開始韓國最初的咖啡農作，親自播種與培育，栽種了2萬5千顆阿拉比卡種咖啡樹。江陵市旺山面地區的咖啡咖啡咖啡農場（旺山咖啡農場）在溫室中栽培了3萬多棵咖啡樹，從1年生的樹苗到30年生的咖啡樹都有。該農場經過十多年的努力後，終於在2010年成功收穫韓國最初的商業用咖啡45公斤。咖啡業界的專家、夢想成為咖啡師的志願者，以及喜愛咖啡的一般觀光客都紛紛前去參觀這些農場。江陵與濟州市每年都會舉辦咖啡慶典，成為該地區的新興觀光資源。

享受
風格咖啡　｜　STYLE & COFFEE

❶ 咖啡餐桌禮儀

◆ 端給客人時，湯匙的把手部分要擺向右邊，杯子的把手則左右都可以。

◆ 放砂糖時罐子靠近杯子，不要直接用手拿取方糖。

◆ 攪拌砂糖時不要發出太大聲音，小心使用杯子。

◆ 用過的湯匙放在杯子後面，讓對方看到也不會失禮。

◆ 砂糖攪拌融化後倒入牛奶，這時不必再攪拌。

◆ 坐在桌前喝咖啡時只拿起咖啡杯，而使用小咖啡杯（demitasse）時手指不要穿過把手。

❷ 各國喝咖啡的獨特風格

• 法國

　咖啡歐蕾（Café au lait）：裝在沒有把手的大咖啡碗中，咖啡液使用重烘焙的咖啡豆，與等量的熱牛奶同時倒入杯中。

• 愛爾蘭

　愛爾蘭咖啡（Irish coffee）：濃咖啡中加入黃砂糖與愛爾蘭威士忌混勻。

- 奧地利

  艾斯班拿（Einspanner）：濃咖啡中放入砂糖再擠上滿滿鮮奶油，最上面撒上巧克力。

- 義大利

  阿法奇朵（Gelato Affogato）：在義式冰淇淋（Gelato）上倒上義式濃縮咖啡，依據喜好撒上堅果類、巧克力等裝飾。

❸ 全球咖啡消費量之最

各國咖啡消費量（單位：生豆/噸）		每人消費量（單位：kg）	
國家	消費量	國家	2014年每人消費量
歐盟	24,989	歐盟	4.90
美國	1,426	挪威	8.59
巴西	1,246	瑞士	7.56
日本	450	日本	3.54
印尼	250	美國	4.42
俄羅斯	242	突尼西亞	2.48
韓國	115	韓國	2.3

＊ICO International Coffee Organization, 2015

❹ 咖啡因是什麼？

可可或綠茶中也含有咖啡因，咖啡因是一種含氮的天然有機化合物，也是讓咖啡產生苦味的重要成分。有使人興奮、清醒、利尿等作用，也作為醫藥品。雖然有輕微的成癮性，但是要攝取大量才會發生，適量飲用並不會成癮。

❺ 一杯咖啡含有多少咖啡因？

100ml中約有40～70mg咖啡因。荷蘭咖啡更少，泡得越淡，咖啡因的含量就越少。紅茶中有10～30mg，烏龍茶有20～30mg，煎茶則有20～50mg咖啡因。

❻ 一杯咖啡的熱量有多少？

咖啡中含有各式各樣的成分，但大部分為水分，因此熱量極低。黑咖啡大約是4kcal左右，但加入砂糖與牛奶後熱量就會增加。

❼ 泡出最好喝即溶咖啡的方法

即溶咖啡的優點是能輕易沖泡出，馬上就能飲用。但以為隨便泡都能泡出相同味道就錯了。若不遵守基本法則，就無法充分展現咖啡的味道。基本要領如下：

◆ 準備適量咖啡與水。
◆ 使用剛裝好的新鮮自來水或淨水過的水。
◆ 水溫約在95℃左右。
◆ 稍微涼一點後再放奶精。

> ● 水燒滾後從火源上移開，讓溫度下降。
> ● 咖啡裝滿一般茶匙（2g），搭配熱水140ml較恰當。
> ● 小心注入水，溫度不要下降太多。
> ● 注意，若在高溫狀態下倒入奶精，奶精會與咖啡結合凝固。

咖啡
與文化

COFFEE &
CULTURE

❶ 你知道大學周邊的音樂茶房嗎？

音樂茶房是一邊享用咖啡或紅茶，一邊聆聽優質音響設備播放古典樂等音樂的空間。在唱片高價的1960～70年代，音樂茶房造成一股風潮。現在雖然已經找不太到了，但以前它可是出現在大學街道的浪漫場所。可接觸到古典音樂的音樂鑑賞室「Inkel」、鐘路的古典音樂茶房「文藝復興」（Renaissance）等雖然已經消失，但大學路東崇洞還留有持續經營了53年的「學林茶房」。學林茶房是主導民主化運動的大學生討論的場所，也是音樂、美術、戲劇、文化等藝文人士的休憩聚會處。

❷ 傳達給阿波羅13號的生命訊息

1970年行使太空任務的阿波羅13號發生氧氣罐爆炸的事故，後來經過太空人的努力與NASA太空總署的支援與鼓勵，最後平安無事回到地球。「你們現在，正朝著有熱咖啡的地方走去。」休士頓本部傳達給太空人的訊息正是「一杯熱咖啡」。一杯熱咖啡是意義深遠的訊息，象徵著在地球上等待的家人，以及休息與愉悅。

❸ 描繪美味咖啡的漫畫

最近有許多認真描繪「咖啡」的漫畫出版，《今日的咖啡》是韓國文化產業振興院支援創作的漫畫，描述咖啡師奇泰與擁有絕對味覺的蘭芝間搞笑純情的有趣故事。

咖啡愛情漫畫《Coffee Please》在雅虎上連載，是累積點閱率超過一千萬次的高人氣網路漫畫，描繪為了沖煮出最棒咖啡而孤軍奮鬥的年輕人的故事。還有為了做出幸福的咖啡，以撫慰日常生活中疲憊人們心靈而不斷挑戰的漫畫，如：《Café Dream》、《Crazy Coffee Cat》、《Rudy's咖啡的世界》、《再來一杯咖啡》、《咖啡時間》、《咖啡遊牧民族》、《喝杯咖啡嗎？》等。

❹ 音樂裡的咖啡

咖啡愛好者巴哈譜有《Coffee Cantata》，描述戒不掉咖啡的女兒與爸爸間的故事，這首曲子還在萊比錫的咖啡廳首演。到了20世紀，巴布·狄倫的〈One more coffee〉更成為熱門曲。其他許多大眾歌謠也都有咖啡的故事。

❺ 咖啡店的元祖社交場所

17世紀咖啡傳播到歐洲後，倫敦誕生了咖啡廳的元祖咖啡屋。咖啡屋是社交場所，聚集了知識份子互相交換情報，滿足知的好奇心。現在倫敦則由酒吧延續了咖啡屋的傳統。

❻ 各式各樣的咖啡活動

隨著咖啡的高人氣，與咖啡相關的活動也變得多元。每年舉辦的咖啡

展（Coffee Expo）是大型展覽會，可一覽咖啡產業現況。在這些以咖啡博覽會、咖啡秀等名目舉行的活動，咖啡迷可以從咖啡豆到器具，從新菜單到咖啡館創業等，飽覽與咖啡相關的所有事物。

❼ 日本的咖啡麵

東京有「咖啡麵」料理，麵條中加入咖啡製成，再放入咖啡湯底裡。菜單上則列有「咖啡麵」、「沙拉咖啡麵」、「熱咖啡麵」、「冰咖啡麵」等。其中一道冰咖啡麵，黑色湯裡放有香蕉、奇異果、火腿、香腸、水煮蛋、冰塊等，湯底當然是咖啡囉。

❽ 罐裝咖啡的登場

1980年，樂天七星從日本Toshiba引進500台罐裝飲料自動販賣機，開始裝設營運，是韓國飲料製造商使用自動販賣機作為銷售裝置的始祖。此後樂天七星率先以原豆咖啡的形象推出罐裝咖啡「Let's be」，且一台販賣機可以同時享受到熱罐裝咖啡和冰罐裝咖啡。之後有許多強調設計的罐裝咖啡登場，除了「咖啡拿鐵」、「法式咖啡」等，可以選擇咖啡豆、發揮咖啡原本風味的精品咖啡拿鐵等，強調高級感的罐裝咖啡也擁有高人氣。

❾ 電影中不可或缺的名牌配角——咖啡

喝咖啡的場景在無數電影中登場，電影中咖啡與菸是並存的角色。吉姆‧賈木許導演在《咖啡與菸》中透過咖啡和菸刻畫人生。在史丹利‧庫柏力克導演的《2001太空漫遊》中，有一幕是吃太空食品時從鍋中倒出咖啡，表現導演對咖啡的強烈愛意。李安導演的《色‧戒》中，女主角喝咖

啡的場景則營造緊張氣氛。柏西・艾德隆導演的《巴格達咖啡館》中則出現義式濃縮咖啡等，眾多電影使用了許多讓人聯想到咖啡的素材。

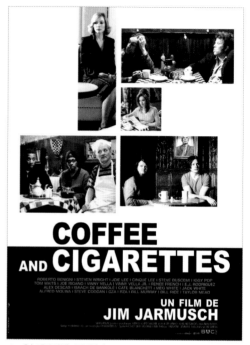

▲《咖啡與菸》電影海報。

❿ 洗個咖啡浴如何呢？

咖啡的香氣及油脂成分能舒緩身心，達到美容效果！可直接將咖啡倒入浴缸中，或把咖啡粉裝入茶包裡，再放進浴缸入浴。喝咖啡有醒神功效，但拿來泡澡，其香氣能幫助睡眠。

⓫ 美味的咖啡對生產者來說是痛苦……

英國雙胞胎兄弟馬克・法蘭西斯與尼克・法蘭西斯導演的紀錄片《黑金》，描述了發生在衣索比亞咖啡農身上的故事。電影第一個畫面就講述「一杯咖啡如果要價3美元，農夫充其量只能拿到3分錢」，一名男子想拯救在貧困中掙扎的咖啡生產勞動者，便揭發了跨國企業利用複雜通路掌控全球咖啡市場的真面目。我們在日常中享受的一杯咖啡裡，也融進了生產國勞動者的嚴苛殘酷生活。

⑫ 咖啡專家檢定是什麼？

夢想成為咖啡專家的人，可以取得正式的咖啡師證照。首先需在有認證的咖啡教育機關上課，通過咖啡學的筆試之後，再通過現場萃取咖啡的術科考試才行。詳情可參考以下韓國網站：

- 韓國咖啡教育協議會（한국커피교육협의회）：www.kces.or.kr
- 韓國咖啡資格審查評價院（한국커피자격검정평가원）：www.caea.or.kr

⑬ 聽說有「咖啡日」？

國際間將咖啡日訂為10月1日，因為巴西的咖啡收穫在9月時幾乎結束，10月起等於是進入一個新年度，因此才訂這天為國際咖啡日。秋天是讓人想念熱騰騰咖啡的季節，對大家來說也是很適當的日子。

⑭ 曾頒布過咖啡禁止令？

1511年，麥加總督凱爾·貝格（Khair Beg）曾以「咖啡違背古蘭經教誨，讓人墮落」為理由，頒布了咖啡禁止令。然而身為咖啡愛好者的國王因此暴怒，撤回禁止令。基督教國家也曾有咖啡是「撒旦的飲料」爭議，但17世紀教皇克勉8世為咖啡洗禮，將咖啡定位成基督教徒的飲料。

咖啡與健康 | COFFEE & HEALTH

　　許多人對咖啡有先入為主的觀念，認為咖啡是對身體有害的飲料，說茶才是有益健康的飲料，因為茶裡含有多酚，有抗氧化的作用。然而仔細了解後會發現，咖啡也有許多有利健康的優點，事實上，咖啡中也含有大量多酚。最近咖啡品質提升，享受好咖啡變得更簡單。

　　全世界咖啡的產量與消費量都有增加的趨勢，因此也衍生出許多探討咖啡與健康間關係的科學研究。咖啡到底有哪些功效呢，讓我們一起來看看吧。

❶ 增強注意力

　　咖啡因讓人體代謝活動旺盛，可增強注意力。此外也有助於強化短期記憶力，以及預防阿茲海默症。

❷ 排解宿醉

　　宿醉會引發頭痛主要是因為乙醛所造成，此時喝含有咖啡因的咖啡則有排解宿醉的效果。加上咖啡對保護肝功能有好的影響，因此對愛喝酒的

人來說是好的。也有研究結果發現，一天喝三杯以上的咖啡能幫助改善嗜酒者的高血壓。

❸ 提高運動能力，消除肌肉疲勞

咖啡中的咖啡因會促進脂肪組織分解，幫助脂肪轉換為能量，延長運動持續時間。又有利尿作用，因此有助於快速排出運動後累積在肌肉上的不必要物質。

❹ 改善高血壓、低血壓、心臟病

一杯咖啡有改善血液循環兩小時左右的功用，對因為低血壓而早上起不來的人來說是一項福音。那麼對高血壓的人來說是不好的嗎？並非如此。咖啡有擴張微血管的作用，能打開末端的血管，改善血流，對高血壓者有降低血壓的作用。荷蘭烏特勒支醫學大學研究團隊在13年間對37514人進行調查，結果發現一天喝2～4杯咖啡，罹患心臟病的危險降低20%左右。因為咖啡含有的抗氧化劑能減少血管發炎，血管發炎是造成心臟病的原因之一。

❺ 消除壓力

咖啡中帶有的苦味及酸味能減輕精神上的壓力。使用咖啡粉、檸檬油、蒸餾水來測量放鬆時的腦波：α波，發現聞到咖啡香時會出現最高數值。喝咖啡會促進多巴胺產生，多巴胺是一種會讓心情變好的腦部賀爾蒙，因此能防止憂鬱症，讓人笑口常開。

❻ 減肥

　　喝咖啡能促進自律神經功能，有提高脂肪代謝的效果。日本國立京都醫療中心預防醫學研究部正在實施「咖啡減重計畫」，表示此計畫有減輕體重、肌肉率上升、收縮壓下降、「壞膽固醇」低密度脂蛋白（LDL）數值下降等效果。

咖啡減肥要訣

- 讀書時享受咖啡香氣（不要一次就喝光，喝有甜蜜香氣的咖啡以取代砂糖）。
- 睡前不喝咖啡（有醒神效果，會讓人更想吃零食）。
- 餐後喝咖啡，設定「喝完咖啡就不再吃東西」的信號。
- 在運動前後喝咖啡。
- 咖啡並不是為了享用零食而搭配的飲料，而是要享受其味道與香氣，度過一段悠閒享受咖啡本身的咖啡時光。

---

❼ 糖尿病

　　糖尿病起因於不良生活習慣，如不規律的生活習慣與運動不足等，是現代人常見的健康威脅。世界各國都發表咖啡有預防糖尿病效果的研究結果。咖啡中含有的綠原酸（又名咖啡單寧酸）能抑制血糖值，因此一般認為能預防糖尿病發病。荷蘭對17000名男女進行7年的追蹤調查，結果發現：一天喝7杯咖啡以上的人，糖尿病危險度只有一天喝2杯以下者的不到一半。而根據芬蘭國立公共衛生研究所的研究，一天喝3～4杯咖啡的人與完全不喝的人相比，患糖尿病比例女性低了29%，男性低了27%。

＊咖啡飲用多寡和身體健康及減肥效果間的關係，仍得視個人體質和健康情形而定，請務必請教專業醫生後再施行。

參考書目

※以下作家姓名皆為音譯

+ 文俊雄（문준웅），《咖啡與茶》（커피와 차），hyeonamsa（현암사）出版，2004

+ 宋周玭（송주빈），《咖啡科學》（커피 사이언스），周玭（주빈）出版，2008

+ 梁東赫（양동혁），《令人好奇的咖啡世界》（궁금한 커피의 세계），osha設計（오샤디자인）出版，2009

+ 劉代準（유대준），《Coffee inside》（커피 인사이드），Haemil出版，2009

+ 李光周（이광주），《東方與西方的茶故事》（동과 서의 차 이야기），hangilsa（한길사）出版，2004

+ 李潤湖（이윤호），《為了一杯完美的咖啡》（완벽한 한잔의 커피를 위하여），MJ media出版，2004

+ 鄭尚文（정상문），《咖啡學》（커피학）》，kwangmoonkag（광문각）出版，2006

+ 崔乃璟（최내경），《巴黎藝術紀行》（파리 예술 기행），sungha出版（성하출판），2004

+ 許英萬（허영만），《Coffee School》（커피스쿨），Pampas（팜파스）出版，2009

+ 朴相姬（munge），《咖啡狂的筆記》（Coffee holic's note），yedam（예담）出版，2008

+ Wolfgang Junger，《咖啡屋的文化史》（카페 하우스의 문화사），Editor（에디터）出版，2002

+ Stewart Lee Allen，《咖啡癮史：從衣索匹亞到歐洲，橫跨八百年的咖啡文明史》，imago（이마고）出版，2005

+ Alain Stella，《Coffee》，滄海ABC出版，2000

+ Kenneth Pomeranz / Steven Topik，《貿易打造的世界：社會、文化、世界經濟，從1400年到現在》，simsan文化（심산문화）出版，2003

+ Heinrich Eduard Jacob，《咖啡的歷史》（커피의 역사），有井之家（우물이있는집）出版，2005

+ Susan Zimmer，《I love coffee!: Over 100 Easy and Delicious Coffee Drinks》，Kansas City: Andrew McMeel Publishing，2007

+ 新星出版社編輯部，《事典》，2009

+ えい出版社編輯部，《コーヒーの基礎知識》，2010

參考網站

+ www.caffemuseo.co.kr

+ cafe.naver.com/coffeemaru

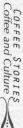

感謝您購買 **咖啡的一切：咖啡迷完全圖解指南**

為了提供您更多的讀書樂趣，請費心填妥下列資料，直接郵遞（免貼郵票），即可成為奇光的會員，享有定期書訊與優惠禮遇。

姓名：＿＿＿＿＿＿＿＿＿＿＿　身分證字號：＿＿＿＿＿＿＿＿＿＿＿

性別：□女　□男　生日：

學歷：□國中（含以下）　□高中職　　□大專　　　□研究所以上

職業：□生產\製造　□金融\商業　□傳播\廣告　□軍警\公務員

　　　□教育\文化　□旅遊\運輸　□醫療\保健　□仲介\服務

　　　□學生　　　□自由\家管　□其他

連絡地址：□□□ ＿＿＿＿＿＿＿＿＿＿＿＿＿＿＿＿＿＿＿＿＿＿

連絡電話：公（ ）＿＿＿＿＿＿＿＿＿　宅（ ）＿＿＿＿＿＿＿＿

E-mail：＿＿＿＿＿＿＿＿＿＿＿＿＿＿＿＿＿＿＿＿＿＿＿＿＿＿

■您從何處得知本書訊息？（可複選）

　　□書店 □書評 □報紙 □廣播 □電視 □雜誌 □共和國書訊

　　□直接郵件 □全球資訊網 □親友介紹 □其他

■您通常以何種方式購書？（可複選）

　　□逛書店 □郵撥 □網路 □信用卡傳真 □其他

■您的閱讀習慣：

文　　學 □華文小說　□西洋文學　□日本文學　□古典　□當代

　　　　 □科幻奇幻　□恐怖靈異　□歷史傳記　□推理　□言情

非文學 □生態環保　□社會科學　□自然科學　□百科　□藝術

　　　　 □歷史人文　□生活風格　□民俗宗教　□哲學　□其他

■您對本書的評價（請填代號：1.非常滿意 2.滿意 3.尚可 4.待改進）

　　書名＿＿ 封面設計＿＿ 版面編排＿＿ 印刷＿＿ 內容＿＿ 整體評價＿＿

■您對本書的建議：

Lumieres
奇光出版
客服電話：0800-221029
傳真：02-86671065
電子信箱：lumieres@bookrep.com.tw

請沿虛線對折寄回

廣告回函
台灣北區郵政登記證
第15174號

信　　函

231
新北市新店區民權路108-4號8樓

奇光出版　　收

請沿虛線剪下